Leitfaden der Mechanik für Maschinenbauer

Mit zahlreichen Beispielen für den
Selbstunterricht

Von

Professor Dr.-Ing. Karl Laudien

Oberstudiendirektor der Staatlichen Höheren Maschinenbau-, Schiffsingenieur-
und Seemaschinistenschule in Stettin

Zweites Heft
Hydraulik

Mit 82 Textabbildungen

Berlin
Verlag von Julius Springer
1928

ISBN-13:978-3-642-90022-8   e-ISBN-13:978-3-642-901879-7
DOI: 10.1007/978-3-642-901879-7

Alle Rechte, insbesondere das der Übersetzung
in fremde Sprachen, vorbehalten.
Copyright 1928 by Julius Springer in Berlin.

Vorwort.

Das vorliegende Buch schließt sich an meinen „Leitfaden der Mechanik für Maschinenbauer. Erstes Heft: Statik und Dynamik" an. Es fußt wie dieses auf den Vorträgen, die ich im Unterricht an den Staatlich höheren Maschinenbauschulen Hagen und Breslau hielt. So umfaßt es in knapper Form das, was an diesen Schulen in der Hydraulik verlangt wird.

Auch bei diesem Buche habe ich auf die Anwendung der höheren Mathematik verzichtet und lediglich im Anhange eine Ableitung mit diesem Hilfsmittel beigefügt. Ich halte daran fest, daß die Mehrzahl derjenigen, welche in diesem Rahmen Mechanik lernen, nicht so gewandt im Benützen der höheren Mathematik sind, daß sie diese Ableitung mit höherer Mathematik spielend lesen können.

Stettin, im April 1928.

Professor Dr.-Ing. **K. Laudien,**
Oberstudiendirektor der Staatlich Höheren Maschinenbauschule,
Schiffsingenieur- und Seemaschinistenschule, Stettin.

Inhaltsverzeichnis.

                                              Seite

Einleitung 1
   Die Teilung in Hydrostatik und Hydrodynamik 1

I. Hydrostatik 3
  1. Gleichgewicht einer allseitig eingeschlossenen idealen, gewichtslosen Flüssigkeit 3
    a) Die Druckfortpflanzung in einer Flüssigkeit 3
    b) Der Druck auf eine gewölbte Fläche 4
    c) Die hydraulische Presse und der hydraulische Akkumulator . . 8
  2. Gleichgewicht einer idealen Flüssigkeit unter Berücksichtigung ihres Eigengewichtes 12
    a) Die Druckverteilung in der Flüssigkeit. Bodendruck 12
    b) Das Gesetz von den kommunizierenden Röhren 14
    c) Das Gleichgewicht von Flüssigkeiten verschiedenen spezifischen Gewichtes 15
    d) Der Druck auf eine Seitenwand 16
  3. Der Auftrieb 21
    a) Die Größe des Auftriebes 21
    b) Die Bestimmung des spezifischen Gewichtes von festen Körpern und von Flüssigkeiten. 23
    c) Der Angriffspunkt des Auftriebes. Die Stabilität des Schwimmens 24
    d) Das Metazentrum 26
  4. Das relative Gleichgewicht flüssiger Körper 29
    a) Die Flüssigkeit unter unveränderter Beschleunigung bei geradliniger Bewegung 29
    b) Die Flüssigkeit unter unveränderter Beschleunigung bei kreisender Bewegung 30

II. Hydrodynamik 34
  1. Der Begriff der Geschwindigkeitshöhe 35
    a) Die Bewegung des Wassers in Kanälen 36
    b) Die Bewegung des Wassers in Röhren 37
  2. Der hydraulische Druck 37
  3. Ausfluß aus einem Gefäße 39
    a) Ausfluß aus einer Bodenöffnung 39
    b) Ausfluß aus einer Seitenöffnung 41
    c) Der Überfall 42
  4. Der Rückdruck bei Austritt eines Wasserstrahls aus einer seitlichen Öffnung 43
  5. Die Arbeitsleistung eines Wasserstrahls 44
  6. Der Stoßdruck des Wasserstrahls gegen eine Wand 45

Einleitung.

Die Mechanik der flüssigen Körper zerfällt ebenso wie die Mechanik der festen Körper in die Teile „Statik" und „Dynamik". Die Hydrostatik umfaßt die Fälle, bei denen die Kräfte keine Bewegungsänderung hervorrufen. Die Hydrodynamik umfaßt diejenigen, bei welchen die Kräfte eine Bewegungsänderung des flüssigen Körpers erzwingen.

Diese Trennung ist in der Lehre von den flüssigen Körpern nicht so gut durchführbar wie in der Lehre von den festen Körpern. Die Bewegungsvorgänge flüssiger Körper ohne Bewegungsänderung, Bewegungsvorgänge, welche in den Teil „Statik" fallen, hängen praktisch ganz eng mit den Bewegungsänderungen zusammen. Diese Bewegungsvorgänge, z. B. die gleichförmige Bewegung einer Flüssigkeit, sind als die Folge ununterbrochen wirkender Kräfte, die auf eine Bewegungsänderung hinarbeiten, vielfach sogar nur unter genauer Verfolgung der Beschleunigungsvorgänge, zu erklären. Lediglich der Umstand, daß zugleich auftretende Widerstände eine Bewegungsänderung nicht zulassen, führt zu dem Resultat „Bewegung ohne Bewegungsänderung".

Zwischen den festen und den flüssigen Körpern bestehen folgende grundsätzliche Unterschiede, die für Statik und Dynamik von wesentlicher Bedeutung sind.

1. Die flüssigen Körper setzen einer Verschiebung ihrer kleinsten Teilchen gegeneinander einen wesentlich geringeren Widerstand entgegen als die festen Körper. Sie besitzen eine sehr geringe Kohäsion. Diese Eigenschaft bringt es mit sich, daß die flüssigen Körper ohne weiteres die Gestalt des sie umschließenden Gefäßes annehmen. Die flüssigen Körper haben keine feste Form. — Immerhin ist eine solche Kohäsion vorhanden. Durch Versuche hat man festgestellt: Ein Wasserteilchen haftet an dem anderen mit einer Kraft von 0,00035 kg/cm². Es gehört also zum Durchreißen eines Wasserfadens von 1 m² Querschnitt eine Kraft von $3^1/_2$ Kilogramm. Für das Verschieben einer Wassermasse vorbei an einer anderen ist bei einer Berührungsfläche von 1 m² eine Kraft von 2,6 Kilogramm erforderlich.

Die Geringfügigkeit dieser Kräfte macht es erklärlich, daß man dieselben in vielen Fällen völlig außer acht läßt. Sie werden vernachlässigt, wenn sie im Vergleiche mit den übrigen Kräften verschwindend klein sind.

2. Die flüssigen Körper sind sehr viel weniger zusammendrückbar als die festen Körper. Während ein fester Körper unter einer Kraftwirkung seinen Rauminhalt merklich ändert, behält ein flüssiger Körper

auch bei hohen Drucken seinen ursprünglichen Rauminhalt fast unverändert bei.

Versuche haben ergeben, daß Wasser bei einem Druck von 100 Atm. nicht mehr als $^1/_{10}\%$ seines Rauminhaltes verliert.

Die Geringfügigkeit dieser Größe läßt es selbstverständlich erscheinen, daß man bei technischen Rechnungen die völlige Unzusammendrückbarkeit der flüssigen Körper annimmt.

Um zum Ausdrucke zu bringen, daß man erstens die Flüssigkeit als völlig unzusammendrückbar ansetzt, und daß man zweitens die Kräfte, welche zum Verschieben der einzelnen Flüssigkeitsteilchen gehört, vernachlässigen will, bezeichnet man eine solche Flüssigkeit als „ideale" Flüssigkeit.

I. Hydrostatik.

Die Hydrostatik umfaßt die Lehre von den Kräften, die keine Bewegungsänderung hervorrufen. Die flüssigen Körper können dabei im Ruhezustande oder im Zustande gleichförmiger Bewegung sein. Das ergibt eine Teilung in ,,Statik der Flüssigkeiten im Ruhezustand", ,,Statik der Flüssigkeiten im unveränderten Bewegungszustand".

Den letzteren Teil nennt man auch ,,Lehre vom relativen Gleichgewicht der Flüssigkeiten", während man den ersteren Teil einfach als ,,Lehre vom Gleichgewicht der Flüssigkeiten" bezeichnet oder genauer gefaßt sagt, ,,Lehre vom absoluten Gleichgewicht der Flüssigkeiten".

1. Gleichgewicht einer allseitig eingeschlossenen idealen, gewichtslosen Flüssigkeit.

a) Die Druckfortpflanzung in einer Flüssigkeit.

Die ideale Flüssigkeit läßt nur eine Druckübertragung zwischen den Flüssigkeitsteilchen zu. Bei einer Zugbeanspruchung teilt sich die Flüssigkeit. Daraus folgt: In einer gedrückten idealen, gewichtslosen Flüssigkeit herrscht an allen Stellen der gleiche Druck.

Abb. 1. Durch den mit dem Gewichte Q belasteten Kolben K, der reibungslos im Zylinder Z beweglich ist, wird auf die Kolbenfläche $F = \dfrac{D^2 \pi}{4}$ der Gesamtdruck Q ausgeübt. Die Flächenpressung p, d. i. der Druck auf den Quadratzentimeter, beträgt

$$p = \frac{Q}{\dfrac{D^2 \pi}{4}} \text{ kg/cm}^2.$$

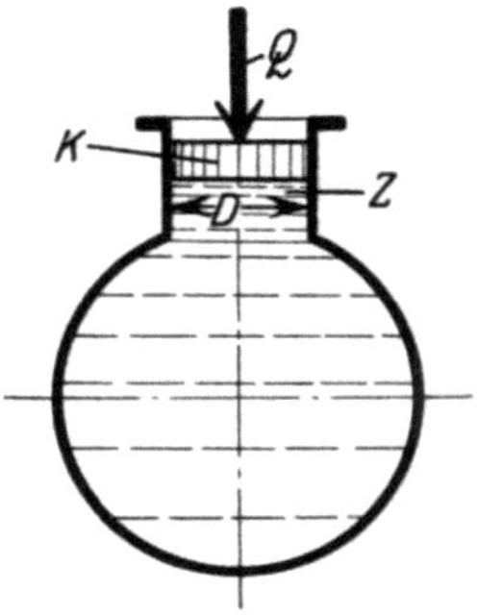

Abb. 1. Erzeugung eines Flüssigkeitsdruckes durch den mit Q belasteten Kolben K. (Ideale, gewichtslose Flüssigkeit.)

Diese Flächenpressung pflanzt sich durch die ganze Flüssigkeit fort. Es herrscht an allen Stellen der gleiche Druck von

$$p = \frac{Q}{\dfrac{D^2 \pi}{4}} \text{ kg/cm}^2. \tag{1}$$

Beispiel 1.

Ein Kolben von 30 mm Durchmesser ist (Abb. 1) mit 500 kg belastet. Welcher Druck herrscht in der Flüssigkeit?

$$p = \frac{P}{\frac{d^2\pi}{4}}, \qquad \begin{aligned}P &= 500 \text{ kg},\\ d &= 3 \text{ cm},\end{aligned}$$

$$p = \frac{500}{\frac{3^2\pi}{4}} = 70{,}8 \text{ kg/cm}^2 = \textbf{70{,}8 Atmosphären.}$$

Die Abb. 2 kennzeichnet den Gegensatz zum festen Körper. Die Last Q wird von der Fläche f getragen. Die Festigkeit des Körpers, das Anhaften seiner Kleinstteilchen aneinander macht es unmöglich, daß der Vorsprung A ausweicht. Es herrscht auf der Oberfläche f des Vorsprunges A die Flächenpressung $p_1 = \frac{Q}{f}$ kg/cm². Erst wenn der Druck so hoch gesteigert wird, daß A auseinanderfließt, kann es zum Aufliegen von Q auf der ganzen Fläche F kommen und zur Flächenpressung $p_2 = \frac{Q}{F}$ kg/cm². Bei der Stützung der Last Q auf einem Kolben nach Abb. 3 kommen die Teilchen „a" zuerst zur Berührung mit dem Kolben. Sie weichen dann aber ohne weiteres aus, so daß der ganze Kolben alsbald gleichmäßig aufliegt.

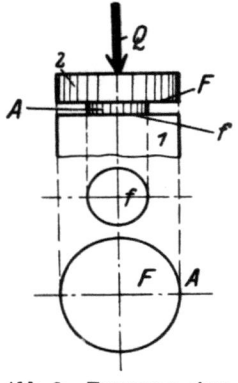

Abb. 2. Erzeugung einer Flächenpressung zwischen festen Körpern. Stützung des mit Q belasteten Körpers 2 durch den Körper 1.

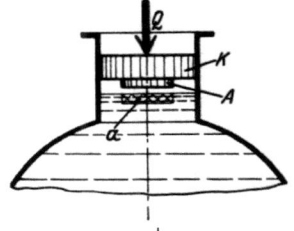

Abb. 3. Erzeugung eines Flüssigkeitsdruckes durch einen mit Q belasteten Kolben K, der einen Vorsprung A besitzt.

Den Satz von der Gleichheit des Druckes an allen Stellen eines geschlossenen Gefäßes bei idealer gewichtsloser Flüssigkeit nennt man das **Gesetz von Paskal**.

Der Flüssigkeitsdruck steht senkrecht zur berührten Fläche.

b) Der Druck auf eine gewölbte Fläche

bestimmt sich nach Abb. 4. Der auf das kleine Flächenteilchen „f" wirkende Druck P hat die Größe $f \cdot p$. Dieser Druck läßt sich zerlegen in zwei Komponenten P_1 und P_2. $P_1 = f \cdot p \cdot \sin\alpha$, $P_2 = f \cdot p \cdot \cos\alpha$. Schreibt man die Produkte $f \cdot p \cdot \sin\alpha$ und $f \cdot p \cdot \cos\alpha$ „$p(f \cdot \sin\alpha)$" und „$p(f \cdot \cos\alpha)$", so erhält man folgendes: Der Druck in der Richtung von P_1 ist gleich der Flächenpressung $p \times$ der Projektion der Fläche f in der Richtung von P_1. $f \sin\alpha$ ist die Projektion von f in Richtung von P_1. In Richtung P_2 erscheint die Fläche „f" als

Gleichgewicht einer allseitig eingeschlossenen idealen, gewichtslosen Flüssigkeit. 5

„$f \cos \alpha$". Der Druck in dieser Richtung ist wiederum $p \times$ Projektion der Fläche in Druckrichtung.

Bei einer gewölbten Fläche nach Abb. 5 interessiert nur der Druck P in der Richtung senkrecht zur Befestigungsstelle. Ihn bestimmt man nach dem Obigen als Summe aller Teildrucke P_1, P_2, P_3 ... in dieser Richtung.

$$P_1 = p \cdot f_1 \cdot \sin \alpha_1, \qquad P_2 = p \cdot f_2 \cdot \sin \alpha_2, \qquad P_3 = p \cdot f_3 \sin \alpha_3.$$
$$P = P_1 + P_2 + P_3 + \cdots = p \cdot (f_1 \sin \alpha_1 + f_2 \sin \alpha_2 + f_3 \sin \alpha_3 \ldots).$$

$f_1 \sin \alpha_1 + f_2 \sin \alpha_2 + f_3 \sin \alpha_3 \ldots$ bilden zusammen die Gesamtprojektion der gewölbten Fläche in Richtung senkrecht zur Befestigungsstelle. Daraus folgt:

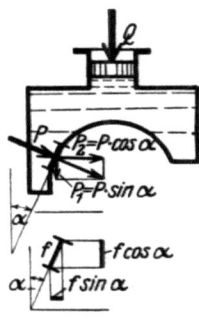

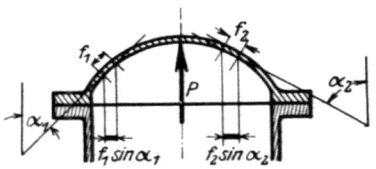

Abb. 4. Druck $P = p \cdot f$ auf eine gewölbte Fläche, zerlegt in $P_1 = P \cdot \sin \alpha$ und $P_2 = P \cdot \cos \alpha$ bzw. in $P_1 = p \cdot f \cdot \sin \alpha$ und $P_2 = p \cdot f \cdot \cos \alpha$.

Abb. 5. Teildruck — Druck in einer bestimmten Richtung — auf eine gewölbte Fläche.

Der Gesamtdruck auf eine gewölbte Fläche in einer bestimmten Richtung ist gleich der Flüssigkeitspressung $\times$ der Projektion des Körpers in dieser Richtung.

Für die Kolbenformen nach Abb. 6 und 7 gilt: Der Druck in der Bewegungsrichtung des Kolbens ist bei beiden Kolben gleichgroß. Beide haben in ihrer Bewegungsrichtung gleiche Projektionen $= \dfrac{D^2 \pi}{4}$. Sie

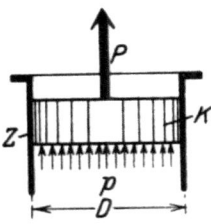

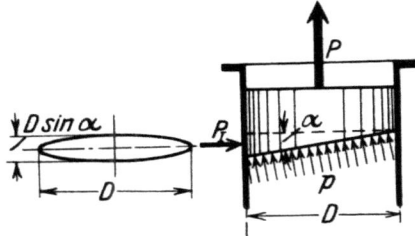

Abb. 6. Kolben mit geradem Boden
$$P = \frac{D^2 \pi}{4} \cdot p.$$
P_1 (Seitendruck) $= 0$.

Abb. 7. Kolben mit schrägem Boden
$$P = \frac{D^2 \pi}{4} \cdot p.$$
P_1 (Seitendruck) $= \dfrac{D^2 \pi}{4} \cdot \sin \alpha \cdot p$.

erscheinen in Bewegungsrichtung gesehen beide als Kreise vom Durchmesser D. Es unterscheiden sich diese Formen jedoch bezüglich ihrer Belastung in der Richtung senkrecht zur Bewegungsrichtung. Die

Druckfläche des Kolbens, Abb. 6, erscheint in dieser Richtung gesehen, nicht als Fläche, sondern als Linie. Das Produkt „Flüssigkeitsdruck mal Projektionsfläche" ist also gleich Null.

Bei der Bauart des Kolbens nach Abb. 7 erscheint die Druckfläche als Ellipse vom Inhalte $D \cdot D \cdot \frac{\sin\alpha \cdot \pi}{4}$. Der Kolben nach Abb. 7 wird also mit der Kraft $p \cdot \frac{D^2 \cdot \sin\alpha \cdot \pi}{4}$ zur Seite gedrückt. Das Gleichgewicht verlangt, daß der Kolben durch die Wand mit $P_I = p \cdot \frac{D^2 \cdot \sin\alpha \cdot \pi}{4}$ gestützt wird.

Beispiel 2.

Ein Kolben von 60 cm Durchmesser hat eine Neigung der Druckfläche von $\alpha = 30°$. Welche Druckkräfte wirken auf ihn
1. in Richtung seiner Bewegung,
2. in senkrechter Richtung dazu

bei $p = 10$ atm Flüssigkeitsdruck? (Abb. 7).

Die elliptische Druckfläche erscheint in der Bewegungsrichtung als Kreis vom Durchmesser $d = 6$ cm.

$$P_1 = p \cdot f_1 = 10 \cdot \frac{6^2 \pi}{4} = 284 \text{ kg}.$$

Die elliptische Druckfläche erscheint in der Richtung senkrecht zur Bewegungsrichtung als Ellipse mit den Achsen $a = 6$ cm, $b = 6 \sin\alpha = 3$ cm.

$$f_2 = \frac{6 \cdot 3 \cdot \pi}{4} = 14{,}2 \text{ cm}^2.$$

$$P_2 = p \cdot f_2 = 10 \cdot 14{,}2 = 142 \text{ kg}.$$

Mit 142 kg wird der Kolben gegen die eine Seite des Zylinders gedrückt.

Für einen Kolben nach Abb. 8 ergibt sich ebenso wie bei dem flachen Kolben nach Abb. 6 keine zweite, seitlich gerichtete Kraft. Die Druckfläche in Richtung 1 gesehen, ist genau gleich der in Richtung 2 gesehenen. Demgemäß heben sich die senkrecht zur Bewegungsrichtung des Kolbens stehenden Komponenten auf.

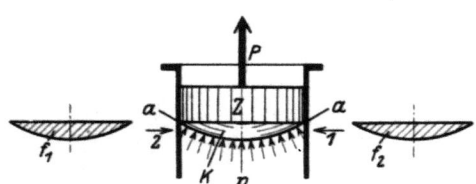

Abb. 8. Kolben mit gewölbtem Boden.
$P = \frac{d^2 \pi}{4} \cdot p$. P_1 (Seitendruck) $= 0$.

Für ein zylindrisches Gefäß nach Abb. 9 ergibt sich auf die Länge L der Gesamtdruck für die obere Zylinderhälfte zu $P_1 = D \cdot L \cdot p$. $D \cdot L$ ist die Projektion der Halbzylinderfläche in Richtung des Druckes P_1.

Die Größe des Flüssigkeitsdruckes ergibt sich aus

$$P_1 = p \cdot F \quad \text{mit} \quad P_1 = p \cdot D \cdot L.$$

$p =$ Flüssigkeitsdruck in kg/cm^2;
$D =$ Durchmesser in cm;
$L =$ Länge in cm.

Gleichgewicht einer allseitig eingeschlossenen idealen, gewichtslosen Flüssigkeit. 7

Für die untere Hälfte gilt dasselbe, $P_2 = P_1$. Die Kraft P_1 will den oberen Teil vom unteren abreißen. Nach ihr ist die Festigkeitsrechnung für die Wandstärke „s" bzw. die tragende Fläche „$s \cdot L$" durchzuführen.

Die tragenden Wandflächen des Rohres (Abb. 9) haben den Querschnitt $2 \cdot L \cdot s$ (2 Rechtecke von der Länge L und der Höhe s). Daraus folgt:
$$P = D \cdot L \cdot p = 2L \cdot s \cdot k_z,$$
$$k_z = \frac{D \cdot p}{2 \cdot s}. \tag{2}$$

Für das Abreißen eines Rohrendes (Abb. 10) folgt $P = \frac{D^2 \pi}{4} \cdot p$. Die tragende Wandfläche hat den Querschnitt $D \cdot \pi \cdot s$.
$$P = \frac{D^2 \pi}{4} \cdot p = D \cdot \pi \cdot s \cdot k_z,$$
$$k_z = \frac{D \cdot p}{4 s}. \tag{3}$$

Die Beanspruchung nach Gleichung (2) ist also doppelt so groß wie die Beanspruchung nach Gleichung (3). Es ist also ein Rohr für

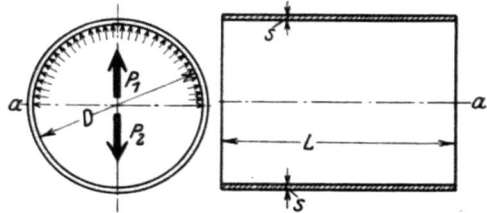
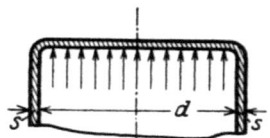

Abb. 9. Belastung eines Rohrstückes in Richtung senkrecht zur Rohrachse. (Aufreißen in Längsrichtung.)

Abb. 10. Belastung eines Rohrstückes in der Richtung der Rohrachse. (Zerreißen in Querrichtung.)

Aufreißen in Längsrichtung doppelt so stark gefährdet, wie für Aufreißen in Querrichtung.

Für ein kugelförmiges Gefäß gilt Gleichung (3). Es kann nur in einer Kreisringfläche abreißen gemäß Abb. 10. Es ist demgemäß nur halb so hoch beansprucht wie ein zylindrisches Gefäß.

Beispiel 3.

Welche Beanspruchung (Aufreißen in Längsrichtung) erfährt ein Rohr von 400 mm Durchmesser und 25 mm Wandstärke bei einem inneren Druck von 12 Atm.?
$$k_z = \frac{D \cdot p}{2 \cdot s}.$$

D = Durchmesser in cm;
p = Druck in kg/cm²;
s = Wandstärke in cm;
$k_z = \frac{40 \cdot 12}{2 \cdot 2{,}5} = 96$ kg/cm².

c) Die hydraulische Presse und der hydraulische Akkumulator.

Das Gesetz von Paskal findet seine technische Anwendung in der hydraulischen Presse. Die hydraulische Presse dient dazu, eine Arbeit mit großem Weg und kleiner Kraft in eine Arbeit mit kleinem Weg und großer Kraft umzuwandeln.

Abb. 11: Der Pumpenkolben vom Durchmesser „d" wird durch die Kraft P_1 heruntergedrückt. Er übt auf das Wasser den Druck

$$p = \frac{P_1}{\frac{d^2 \pi}{4}}$$

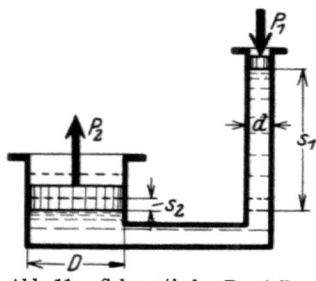

Abb. 11. Schematische Darstellung einer hydraulischen Presse. Pumpenkolben-Durchmesser d. Preßkolben-Durchmesser D.

aus. Dieser Flüssigkeitsdruck p wirkt auf den Preßkolben vom Durchmesser D und drückt ihn mit der Kraft

$$P_2 = p \cdot \frac{D^2 \pi}{4}$$

in die Höhe.

$$P_1 : P_2 = p \cdot \frac{d^2 \pi}{4} : p \cdot \frac{D^2 \pi}{4} = d^2 : D^2. \quad (4)$$

Die Kolbenwege bestimmen sich aus folgender Überlegung. Der von dem heruntergehenden Pumpenkolben verdrängte Raum ist gleich dem Raum, den der heraufgehende Preßkolben freigibt; denn die Flüssigkeit ist nicht zusammendrückbar.

$$\frac{D^2 \pi}{4} \cdot s_2 = \frac{d^2 \pi}{4} \cdot s_1,$$

$$D^2 \cdot s_2 = d^2 \cdot s_1,$$

$$s_2 : s_1 = d^2 : D^2. \quad (5)$$

Das gleiche Resultat ergibt sich, wenn man von der Arbeitsgleichung ausgeht. Bei verlustloser Umwandlung ist geleistete Arbeit = aufgewendeter Arbeit.

Geleistete Arbeit = Preßkolbenkraft × Preßkolbenweg.

Aufgewendete Arbeit = Pumpenkolbenkraft × Pumpenkolbenweg.

$$\left(\frac{D^2 \pi}{4} \cdot p\right) \cdot s_2 = \left(\frac{d^2 \pi}{4} \cdot p\right) s_1,$$

$$D^2 \cdot s_2 = d^2 \cdot s_1,$$

$$s_2 : s_1 = d^2 : D^2.$$

Beispiel 4.

Eine hydraulische Presse hat einen Preßkolben von 40 cm Durchmesser und einen Druckkolben von 5 cm Durchmesser. Welchen Druck vermag der Preßkolben auszuüben, wenn der Druckkolben mit 600 kg belastet wird?

Gleichgewicht einer allseitig eingeschlossenen idealen, gewichtslosen Flüssigkeit. 9

Die Flüssigkeitspressung bestimmt sich aus
$$P_1 = p \cdot f, \qquad 600 = p \cdot \frac{5^2 \pi}{4},$$
$$p = 25{,}5 \text{ kg/cm}^2.$$

Der Preßkolben übt demzufolge einen Preßdruck von
$$P_2 = 25{,}5 \cdot \frac{40^2 \pi}{4} = 24\,700 \text{ kg}$$
aus (verlustlose Übertragung).

Beispiel 5.

Welche Hubzahl muß mit der Pumpe von 30 mm Kolbendurchmesser und 120 mm Hub ausgeführt werden, bis der Preßkolben von 400 mm Durchmesser um 8 cm gehoben ist?

Der beim Hochgehen des Preßkolbens freiwerdende Raum enthält
$$V_2 = \frac{40^2 \pi}{4} \cdot 8 = 10\,300 \text{ cm}^3.$$

Der Pumpenkolben verdrängt je Hub
$$V_1 = \frac{3^2 \pi}{4} \cdot 12 = 85 \text{ cm}^3.$$

Die Hubzahl i bestimmt sich somit
$$i = \frac{V_2}{V_1} = \frac{10\,300}{85} = 128{,}5 \text{ Hube.}$$

Beispiel 6.

Welchen Druck vermag ein Preßkolben auszuüben, der 200 mm Durchmesser besitzt, wenn der Flüssigkeitsdruck 120 atm beträgt?
$$P = p \cdot \frac{d^2 \pi}{4},$$
$$p = 120 \text{ kg/cm}^2, \qquad d = 20 \text{ cm}, \qquad P = 120 \cdot \frac{20^2 \pi}{4} = 37\,680 \text{ kg}.$$

Berücksichtigt man die Reibungswiderstände an den Abdichtungsstellen der Kolben, so ergibt sich folgendes Resultat, Abb. 12:

Der Lederstulp (Manschette), der zur Abdichtung dient, ergibt einen Reibungswiderstand
$$W = \mu \cdot p \cdot d \cdot \pi \cdot h.$$

μ = Reibungskoeffizient,
p = Anpressungsdruck hinter dem Leder,
$d \cdot \pi \cdot h$ = Druckfläche.

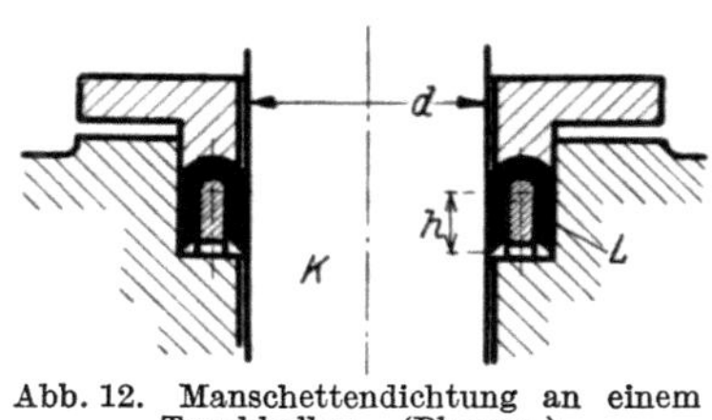

Abb. 12. Manschettendichtung an einem Tauchkolben. (Plunger.)

Demnach ist zur Erzielung eines Druckes von $p \cdot $ kg/cm nicht
$$P_1 = \frac{d^2 \pi}{4} \cdot p$$

genügend, sondern ein Pumpenkolbendruck

$$P'_1 = \frac{d^2\pi}{4} \cdot p + \mu \cdot p \cdot d \cdot \pi \cdot h$$

aufzuwenden. Es resultiert daraus zweitens nicht mehr

$$P_2 = \frac{D^2\pi}{4} \cdot p,$$

sondern nur noch

$$P'_2 = \frac{D^2\pi}{4} \cdot p - \mu \cdot p \cdot D \cdot \pi \cdot H$$

(D Durchmesser des Preßkolbens. — H Höhe des Lederstulps am Preßkolben.)

Der Wirkungsgrad der Übersetzung wird damit im Verhältnis der Erhöhung von P_1 auf P'_1 und der Verringerung von P_2 auf P'_2 herabgesetzt.

$$\eta = \frac{P_1}{P'_1} \cdot \frac{P'_2}{P_2} = \frac{\frac{d^2\pi}{4} \cdot p \left(\frac{D^2\pi}{4} \cdot p - \mu \cdot p \cdot D \cdot \pi \cdot H\right)}{\left(\frac{d^2\pi}{4} \cdot p + \mu \cdot p \cdot d \cdot \pi \cdot h\right) \frac{D^2\pi}{4} \cdot p},$$

$$\eta = \frac{1 - \frac{\mu \cdot H \cdot 4}{D}}{1 + \frac{\mu \cdot h \cdot 4}{d}}. \tag{6}$$

Setzt man für $\frac{H}{D}$ den Wert „i_2" und für $\frac{h}{d}$ den Wert „i_1" ein, so folgt

$$\eta = \frac{1 - 4 \cdot \mu \cdot i_2}{1 + 4 \cdot \mu \cdot i_1}.$$

Beispiel 7.

Eine hydraulische Presse von $\frac{40}{400}$ mm Kolbendurchmesser und Lederstulphöhen von 16 und 80 mm arbeitet mit einem Reibungskoeffizienten $\mu = 0{,}08$. Wie groß ist der Wirkungsgrad der Presse?

$$\eta = \frac{1 - 4 \cdot 0{,}08 \cdot \frac{80}{400}}{1 + 4 \cdot 0{,}08 \cdot \frac{16}{40}} = \frac{1 - 0{,}064}{1 + 0{,}128} = 0{,}83,$$

$$\eta = 83\%.$$

In anderer Form findet sich die gleiche Anwendung dieses Gesetzes bei dem Druckwasserakkumulator, Abb. 13. Es ruht auf dem Kolben K das Belastungsgewicht G. Da der Kolben die Fläche $\frac{D^2\pi}{4}$ besitzt, ergibt sich der Flüssigkeitsdruck

$$p = \frac{G}{\frac{D^2\pi}{4}}.$$

Gleichgewicht einer allseitig eingeschlossenen idealen, gewichtslosen Flüssigkeit. 11

Der Akkumulator wird durch eine Pumpe gefüllt, die mit dem Drucke p arbeitet. Das Gewicht geht dabei in die Höhe, bis die Höchststellung erreicht ist. Unter Absinken des Belastungsgewichtes gibt der Akkumulator dann dieses Wasser vom Druck p wieder her, bis das Belastungsgewicht seine Tiefstellung erreicht hat. (In diesem Augenblicke wird die Pumpe automatisch in Gang gesetzt, um von neuem Druckwasser zu erzeugen.)

Der Wirkungsgrad eines Akkumulators (ausschließlich des Wirkungsgrades der ihn speisenden Pumpe) berechnet sich aus dem Verhältnis des für das Heben des Gewichtes aufzuwendenden Druckes $P_1 = G + W$ und des beim Herabgehen zur Verfügung stehenden Druckes $P_2 = G - W$ (W Reibungswiderstand am Lederstulp):

$$\eta = \frac{P_2}{P_1} = \frac{G-W}{G+W} = \frac{G - \mu \cdot p_1 \cdot D \cdot \pi \cdot H}{G + \mu \cdot p_2 \cdot D \cdot \pi \cdot H}.$$

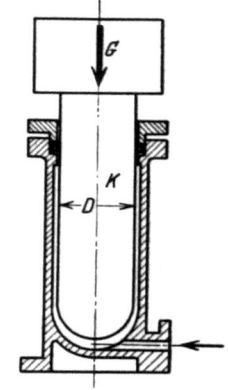

Abb. 13. Schematische Darstellung eines Druckwasser-Akkumulators.

Dabei ist

$p_1 =$ Druck im Zylinder beim Heruntergehen des Kolbens.
$p_2 =$ Druck im Zylinder beim Heraufgehen des Kolbens.

$$p_1 = \frac{G-W}{\frac{D^2\pi}{4}} = \frac{G - \mu \cdot p_1 \cdot D \cdot \pi \cdot H}{\frac{D^2\pi}{4}},$$

$$p_1 + \mu \cdot p_1 \cdot \frac{D \cdot \pi \cdot H}{\frac{D^2\pi}{4}} = \frac{G}{\frac{D^2\pi}{4}},$$

$$p_1 \left(1 + \mu \cdot \frac{4H}{D}\right) = \frac{G}{\frac{D^2\pi}{4}},$$

$$p_1 = \frac{G}{\frac{D^2\pi}{4}\left(1 + \frac{\mu \cdot H \cdot 4}{D}\right)},$$

$$p_2 = \frac{G+W}{\frac{D^2\pi}{4}} = \frac{G + \mu \cdot p_2 \cdot D \cdot \pi \cdot H}{\frac{D^2\pi}{4}} = \frac{G}{\frac{D^2\pi}{4}\left(1 - \frac{\mu \cdot H \cdot 4}{D}\right)}.$$

Das Sinken von p_2 auf p_1, das den Wirkungsgrad kennzeichnet, ergibt sich

$$\eta = \frac{p_1}{p_2} = \frac{1 - \frac{\mu \cdot H \cdot 4}{D}}{1 + \frac{\mu \cdot H \cdot 4}{D}}.$$

Diese Gleichung ist der Gleichung (6) gleich.

Beispiel 8.

Mit welchem Wirkungsgrad arbeitet ein Akkumulator, der bei 400 mm Kolbendurchmesser mit 20000 kg belastet ist, wenn der Reibungskoeffizient $\mu = 0,1$ ist und die Stulpenhöhe 80 mm beträgt?

$$p_2 = \frac{20000 + 0,1 \cdot 40 \cdot \pi \cdot 8}{\frac{40^2 \pi}{4}} = \frac{20940}{\frac{D^2 \pi}{4}},$$

$$p_1 = \frac{20000 - 0,1 \cdot 40 \cdot \pi \cdot 8}{\frac{40^2 \pi}{4}} = \frac{19060}{\frac{D^2 \pi}{4}},$$

$$\eta = \frac{p_1}{p_2} = \frac{19060}{20940} = 0,915 = 91^1/_2\%.$$

2. Gleichgewicht einer idealen Flüssigkeit unter Berücksichtigung ihres Eigengewichtes.

a) Die Druckverteilung in der Flüssigkeit. Bodendruck.

Bei der Berechnung einer hydraulischen Presse und eines Druckwasserakkumulators spielt das Eigengewicht der Flüssigkeit keine Rolle. Die Wirkungen desselben sind verschwindend klein gegenüber der Wirkung, die der Pumpenkolbendruck ergibt. So kann man die Gewichtswirkung in Aufgaben obiger Art vernachlässigen. Überall aber, wo es sich darum handelt, daß geringe Drucke auftreten, ist die Gewichtswirkung der Flüssigkeit zu berücksichtigen.

Abb. 14. Bestimmung des Druckes in verschiedenen Tiefen einer Flüssigkeit vom spezifischen Gewichte γ.

In dem offenen Gefäße, Abb. 14, steht eine Flüssigkeit vom spezifischen Gewichte γ. Das Flüssigkeitsteilchen „a" in der Tiefe „h" trägt über sich eine Flüssigkeitssäule von der Höhe „h". Erscheint das Flüssigkeitsteilchen von oben gesehen mit einer Fläche von „f" cm², so ruht auf ihm das Gewicht einer Säule vom Gewicht $G = f \cdot h \cdot \gamma$. Die Flächenpressung $p = \frac{G}{f}$ ist daher $p = \frac{f \cdot h \cdot \gamma}{f} = h \cdot \gamma$. h gemessen in cm ergibt p in g/cm² (Gramm je Quadratzentimeter).

Ein Flüssigkeitsteilchen b, das in der Tiefe „H" steht, hat einen Druck von $H \cdot \gamma$ g/cm². **Es steigert sich der Druck proportional der Tiefe.**

Beispiel 9.

Welcher Druck herrscht in einem Wasserbehälter in der Tiefe von 1 m unter der Oberfläche?

$$p = h \cdot \gamma,$$
$$h = 100 \text{ cm}, \quad \gamma = 1,$$
$$p = 100 \text{ g/cm}^2.$$

In atm, d. h. kg/cm²

$$p = \frac{1}{10} \text{ kg/cm}^2.$$

Für die Technik ist der Wert 1 kg/cm² von Wichtigkeit. Dieser Druck tritt in der Tiefe von 10 m = 1000 cm auf. Die Wassersäule von 1 cm Querschnitt und 1000 cm Höhe enthält 1 · 1000 = 1000 cm³ Wasser. Sie wiegt demnach 1 kg. Für Quecksilber berechnet sich die Tauchtiefe für den gleichen Druck beim spezifischen Gewicht von 13,6 mit $\frac{1000}{13,6} = 73,5$ cm.

Die in der Physik gebrauchte Maßeinheit von 760 mm Quecksilbersäule entspricht 1,033 ata und 10,33 m Wassersäule:
$$760 \cdot 13,6 = 10330.$$

Aus der Festlegung, daß der Druck in einer Tiefe von „h" den Wert „$\gamma \cdot h \cdot g$" erhält, bestimmt sich der Bodendruck. Der ganze ebene Boden liegt in gleicher Tiefe. Auf alle seine Flächenteilchen wirkt die gleiche Druckhöhe. Demgemäß ist:

Bodendruck = Bodenfläche × spezifisches Gewicht der Flüssigkeit × Flüssigkeitshöhe.

Für die zahlenmäßige Berechnung ist einzusetzen:
Bodenfläche in cm².
Flüssigkeitshöhe in cm. Damit ergibt sich für P die Maßeinheit „Gramm". Um P in kg zu errechnen, ist für die Flüssigkeitshöhe ein „Vielfaches von 10 m" einzusetzen. Bei 40 cm Druckhöhe also
$$\frac{40}{10 \cdot 100} = \frac{4}{100}.$$

Beispiel 10.

Wie groß ist der Druck auf den Boden eines zylindrischen Gefäßes von $D = 60$ cm Durchmesser bei einer Flüssigkeitshöhe von 80 cm?
$$P = \frac{60^2 \pi}{4} \cdot 80 = 226000 \text{ g} = 226 \text{ kg}.$$
$$\left(P = \frac{60^2 \pi}{4} \cdot \frac{80}{10 \cdot 100} = 226 \text{ kg} \right).$$

Da der Flüssigkeitsdruck „p" lediglich von der Tiefe abhängt, ist der Bodendruck in allen Gefäßen, mag ihre Form sein, wie

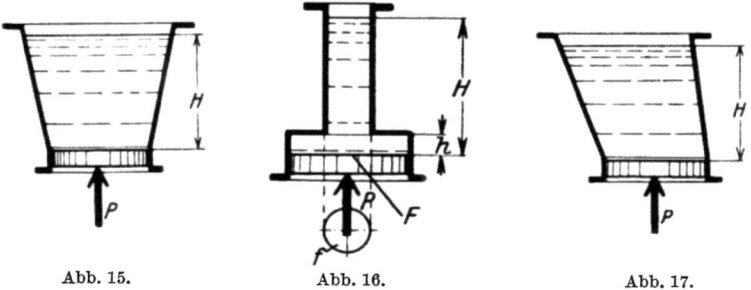

Abb. 15.   Abb. 16.   Abb. 17.
Flüssigkeitsdruck auf den Boden. — Bodendruck. (Flüssigkeit über einem Kolben.)

sie wolle, gleich groß, solange Bodenfläche und Flüssigkeitshöhe die gleichen sind. Die Abb. 15—17 kennzeichnen diese Fälle. Irrtümlich neigt man aus der Anschauung zu der Ansicht, daß die Gefäßform einen Einfluß auf die Größe des Bodendruckes habe. Es steht scheinbar auf der Fläche „F", Abb. 16, nur zu einem Teil die ganze Druckhöhe „H", nämlich auf dem Teile „f", der glatt nach oben durchgeht. Auf den übrigen Teilen steht scheinbar eine kleinere Druckhöhe, „h". Diese falsche Anschauung hat ihre Grundlage in dem Vergleich mit der Belastung durch einen festen Körper. Wenn die Bodenfläche mit einem festen Körper a nach Abb. 18 belastet ist, dann gilt, daß man die Summe aller einzelnen Säulen nimmt. Dann würde sich für eine Ausführung nach Abb. 18 eine kleinere Belastung des Bodens (der Grundfläche) ergeben als bei der Belastung nach Abb. 19.

Beispiel 11.

Welche Kraft ist erforderlich, um einen Kolben von 20 cm Durchmesser (Abb. 16) zu halten? Spezifisches Gewicht der Flüssigkeit $\gamma = 1$, Höhe $h = 30$ cm,

$$\text{Bodenfläche } F = \frac{D^2 \pi}{4} = \frac{20^2 \pi}{4} = 314 \text{ cm,}$$

$$P = F \cdot h \cdot \gamma = 314 \cdot 30 \cdot 1 = 9420 \text{ g} = 9{,}42 \text{ kg.}$$

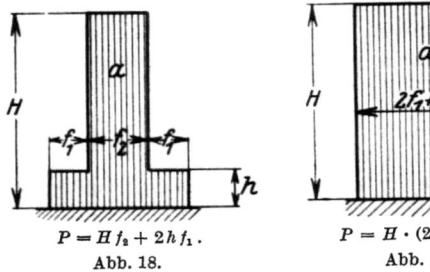

$P = H f_2 + 2 h f_1$.
Abb. 18.

$P = H \cdot (2 f_1 + f_2)$.
Abb. 19.

Belastung eines festen Körpers durch einen anderen festen Körper (vgl. Abb. 16).

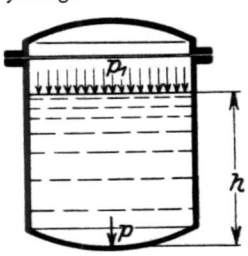

Abb. 20. Druck auf den Boden, herrührend vom Flüssigkeitsgewicht und dem Druck auf der Flüssigkeitsoberfläche.

Ruht auf der Flüssigkeitsoberfläche ein Druck, so erhöht sich der Bodendruck dementsprechend. Angenommen, in dem Gefäß nach Abb. 20 herrscht ein Druck p_1, dann ist der Boden an der tiefsten Stelle belastet mit einem Gesamtdruck von $p = p_1 + \gamma \cdot h$.

In den meisten Fällen ist der aus dem Wassergewicht stammende Druckteil so gering, daß er neben dem Drucke über dem Wasserspiegel gar nicht ins Gewicht fällt. Demgemäß wird bei allen Berechnungen von Gefäßen, die unter Druck stehen, die Gewichtswirkung vernachlässigt.

b) Das Gesetz von den kommunizierenden Röhren.

Die Gleichung $p = \gamma h$ führt unmittelbar zum Beweise, daß der Spiegel einer unbewegten Flüssigkeitsmasse wagerecht liegen muß, Abb. 21. Auf dem Teilchen „a" ruht die Flüssigkeitssäule „h". Demzufolge erfährt dieses Flüssigkeitsteilchen den Druck $\gamma \cdot h$. Diesen Druck gibt es nach allen Seiten weiter. Das neben ihr stehende Flüssigkeitsteilchen „b" muß unter gleichem Drucke stehen, damit es diesen

Druck aufnehmen kann und nicht ausweichen muß. Demzufolge muß über ihm die gleiche Druckhöhe ruhen, d. h. es muß gleichfalls um den Wert „h" unter dem Spiegel liegen.

Dieser Satz von dem Wagerechtliegen des Flüssigkeitsspiegels gilt für jede Form des Gefäßes. Bei einer Ausführung eines Gefäßes nach Abb. 22 steht der Spiegel rechts in gleicher Höhe wie der Spiegel links. Der Umstand, daß es sich um zwei Einzelgefäße handelt, die nur durch

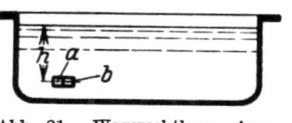

Abb. 21. Wagerechtlage eines Flüssigkeitsspiegels.

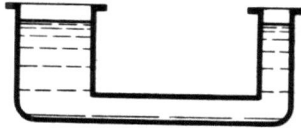

Abb. 22. Kommunizierende Röhren.

eine Röhre verbunden sind, hat auf die Druckverhältnisse keinen Einfluß. Der Flüssigkeitsdruck ist in beiden Teilen allein abhängig von der Lage des Spiegels. Da die Flüssigkeit einer Verschiebung ihrer Einzelteilchen gegeneinander keinen Widerstand entgegensetzt, fällt es gar nicht ins Gewicht, daß die Verbindung zwischen den Gefäßen eine enge Röhre, ein Schlauch usw. ist.

Man bezeichnet Gefäße nach Abb. 22 als „kommunizierende Gefäße" und sagt: „In kommunizierenden Gefäßen steht der Spiegel gleich hoch."

c) Das Gleichgewicht von Flüssigkeiten verschiedenen spezifischen Gewichtes.

Füllt man die Gefäße mit Flüssigkeiten verschiedenen spezifischen Gewichtes, so kommt entsprechend dieser Verschiedenheit ein Höhenunterschied zustande.

Es bestimmt sich der Höhenunterschied daraus, daß Flüssigkeitsteilchen in gleicher Höhenlage unter gleichem Drucke stehen müssen. Vergleicht man die beiden Flüssigkeitsteilchen „a" und „b", so hat der Druck über „a" den Wert $h_1 \cdot \gamma_1 \cdot f$. Der Druck über „$b$" hat den

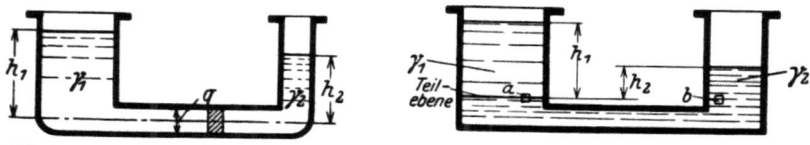

Abb. 23 u. 24. Kommunizierende Röhren bei Flüssigkeiten von verschiedenem spezifischem Gewicht.

Wert $h_2 \cdot \gamma_2 \cdot f$. Da diese beiden Werte gleichgroß sein müssen, wenn die Flüssigkeit im Gleichgewicht sein soll, so ist

$$h_1 \cdot \gamma_1 \cdot f = h_2 \cdot \gamma_2 \cdot f_2 \text{ (Abb. 24)},$$
$$h_1 \cdot \gamma_1 = h_2 \cdot \gamma_2, \qquad h_1 : h_2 = \gamma_2 : \gamma_1.$$

Es verhalten sich die Höhen umgekehrt wie die spezifischen Gewichte.

Die Höhen h_1 und h_2 sind von der Ebene aus zu messen, welche die Flüssigkeiten trennt (Abb. 23),

16   Hydrostatik.

Auf dem Satz $h_1 : h_2 = \gamma_2 : \gamma_1$ beruht die Mammutpumpe, Abb. 25. In das Rohr A wird von unten Luft eingedrückt. Die Luft steigt auf, so daß im Rohre A ein Gemisch von Wasser und Luft steht. Das spezifische Gewicht dieses Gemisches ist wesentlich geringer als 1. Demzufolge steigt die Gemischsäule höher als der Wasserspiegel im Brunnen; es fließt das Wasser — die Luft tritt in Blasen aus dem Wasser bei a aus — oben ab[1].

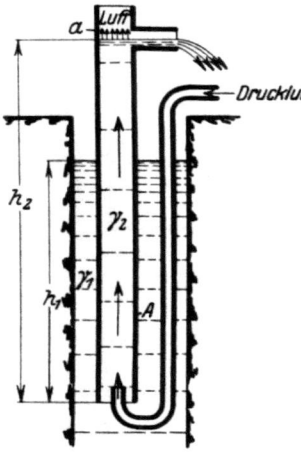

Abb. 25. Schematische Darstellung einer Mammutpumpe. $\gamma_1 = 1$. γ_2 (spezifisches Gewicht des Wasser-Luftgemisches) < 1.

d) Der Druck auf eine Seitenwand.

Der Druck, den die Flüssigkeit auf eine Seitenwand ausübt, verläuft nach Abb. 26. Er nimmt stetig zu mit der Tiefe, d. i. mit der Entfernung vom Spiegel. Es herrscht an der Flüssigkeitsoberfläche der Druck Null, in der Tiefe h_1 der Druck $\gamma \cdot h_1$, in der Tiefe H der Druck $\gamma \cdot H$ usw.

Die Größe des Druckes auf die Seitenwand bestimmt sich als die Summe der Einzeldrücke (Abb. 27). Es wirkt auf den schmalen Flächenstreifen „f_1" in der Tiefe h_1 der Druck $P_1 = f_1 \cdot \gamma \cdot h_1$. Auf den schmalen Flächenstreifen „f_2" wirkt der Druck $P_2 = f_2 \cdot \gamma \cdot h_2$. Die Summe aller dieser Teildrücke beträgt

$$P = \gamma \cdot f_1 \cdot h_1 + \gamma \cdot f_2 \cdot h_2 + \gamma \cdot f_3 \cdot h_3 \cdots = \gamma (f_1 h_1 + f_2 h_2 + \cdots).$$

Die Summe der Produkte in der Klammer ist die Summe der statischen Momente aller Einzelflächenteilchen bezogen auf die Linie A—A, welche am Spiegel liegt. Für die Summe der statischen Momente

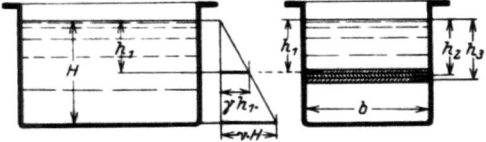

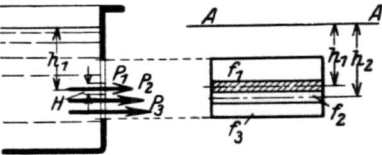

Abb. 26. Verlauf des Druckes auf eine senkrechte Seitenwand.　　Abb. 27. Bestimmung der Größe des Seitendruckes. (Senkrechte Seitenwand.)

der Einzelflächenteilchen — $f_1 \cdot h_1 + f_2 \cdot h_2 + f_3 \cdot h_3 \ldots$ — kann man das statische Moment: Gesamtfläche $\times$ Schwerpunktsabstand — $F \cdot h_0$ — einsetzen. Damit ergibt sich

$$P = \gamma \cdot F \cdot h_0, \qquad (7)$$

Gesamtdruck = Spezifisches Gewicht $\times$ Gesamtfläche $\times$ Tiefe des Schwerpunktes.

---

[1] Siehe Z. V. d. I. 1909, S. 545.

Gleichgewicht einer idealen Flüssigkeit.   17

Für die zahlenmäßige Berechnung ist einzusetzen: F in cm², h_0 in cm. Dann erhält man P in Gramm. Um P in kg zu erhalten, ist h_0 in „Vielfachen von 10 m" einzusetzen. Bei 40 m Tiefe des Schwerpunktes ist also $h_0 = \frac{40}{10} = 4$ einzusetzen.

Beispiel 12.

Welcher Druck wirkt auf eine rechteckige Platte von 20 cm Höhe und 50 cm Breite, wenn deren Oberkante 80 cm unter Wasseroberfläche liegt? (Abb. 28.)

Der Schwerpunkt der Plattenfläche liegt $80 + \frac{20}{2} = 90$ cm unter der Oberfläche. Der Druck ist

$$P = \gamma \cdot F \cdot h_0 = 1 \cdot 20 \cdot 50 \cdot 9 = 9000\,\text{g} = 90\,\text{kg}.$$

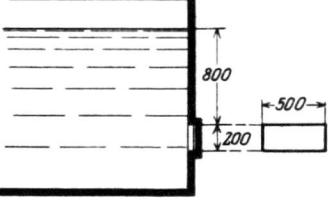

Abb. 28. Abbildung zu Beispiel 12.

Beispiel 13.

Wie groß ist der Druck, der auf eine kreisförmige Platte von 800 mm Durchmesser ausgeübt wird, wenn dieselbe mit ihrem Mittelpunkte um 2 m unter Wasserspiegel liegt?

$$P = f \cdot p.$$

Der Schwerpunkt der Kreisfläche liegt im Kreismittelpunkt. Die mittlere Druckhöhe h ist also 200 cm.

$$p = \gamma \cdot h = 1 \cdot 200 = 200\,\text{g/cm}^2 = 0{,}2\,\text{kg/cm}^2,$$

$$f = \frac{80^2 \pi}{4} = 5000\,\text{cm}^2,$$

$$\boldsymbol{P = 0{,}2 \cdot 5000 = 1000\,\text{kg}.}$$

Für eine geneigt liegende Seitenwand ergibt sich das gleiche Resultat. Die Einzelkräfte $P_1, P_2, P_3 \ldots$ haben die Größen $\gamma \cdot f_1 \cdot h_1$, $\gamma \cdot f_2 \cdot h_2$, $\gamma \cdot f_3 \cdot h_3 \ldots$ Ihre Richtung steht senkrecht zur Seitenwand. Die Summe der Kräfte ist

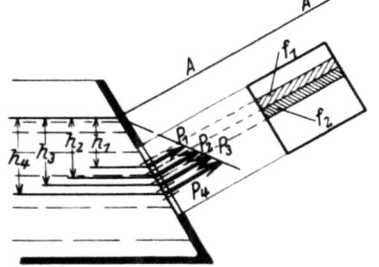

Abb. 29. Bestimmung der Größe des Seitendruckes. (Geneigte Seitenwand.)

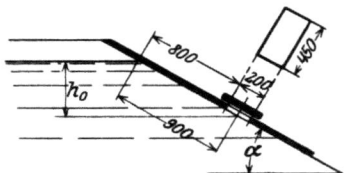

Abb. 30. Abbildung zu Beispiel 14.

$$\gamma \cdot f_1 \cdot h_1 + \gamma \cdot f_2 \cdot h_2 + \gamma \cdot f_3 \cdot h_3 \ldots$$

die mit $\gamma(f_1 \cdot h_1 + f_2 \cdot h_2 + f_3 \cdot h_3 \ldots)$ wie oben $F \cdot h_0$ ergibt. Abb. 29.

Beispiel 14.

Welcher Druck wirkt auf die in Abb. 30 dargestellte Platte?
Der Schwerpunkt liegt in der Tiefe $h_0 = 1 \cdot \sin \alpha = 90 \cdot \sin 30° = 45$ cm.

$$P = 1 \cdot 20 \cdot 50 \cdot 45 = 45000\,\text{g} = 45\,\text{kg}.$$

Laudien, Mechanik II.

Hydrostatik.

Aus der obigen Ableitung darf nicht geschlossen werden, daß der Gesamtdruck im Schwerpunkte angreift. Es bestimmt sich nur die Größe des Gesamtdruckes aus der obigen Gleichung. Die Lage des Angriffspunktes dieses Gesamtdruckes bestimmt sich nach Abb. 27 wie folgt:

Der Teildruck $P_1 = \gamma \cdot h_1 \cdot f_1$ übt auf eine in Spiegelhöhe liegende Linie $A-A$ das Moment $M_1 = \gamma \cdot h_1 f_1 h_1 = \gamma \cdot f_1 \cdot h_1^2$ aus. Der Teildruck $P_2 = \gamma \cdot f_2 h_2$ übt das Moment $M_2 = \gamma \cdot f_2 \cdot h_2^2$ aus. Die Summe aller statischen Momente dieser Einzelkräfte muß gleich dem statischen Momente des Gesamtdruckes sein. Damit folgt für die Bestimmung des unbekannten Anstandes „x_0", in welchem der Gesamtdruck angreift, die Gleichung:

$$P \cdot x_0 = M_1 + M_2 + M_3 + \cdots$$
$$P \cdot x_0 = \gamma f_1 h_1^2 + \gamma f_2 h_2^2 + \gamma f_3 h_3^2 + \cdots$$
$$P \cdot x_0 = \gamma (f_1 h_1^2 + f_2 h_2^2 + f_3 h_3^2 + \cdots).$$

Setzt man für P den Wert $\gamma \cdot h_0 \cdot F$ ein, so folgt:

$$x_0 = \frac{\gamma (f_1 h_1^2 + f_2 h_2^2 + f_3 h_3^2 \ldots)}{\gamma \cdot h_0 \cdot F},$$
$$x_0 = \frac{f_1 h_1^2 + f_2 h_2^2 + f_3 h_3^2 \ldots}{F \cdot h_0}.$$

Der Zähler ist das Trägheitsmoment der Seitenfläche bezogen auf die Linie $A-A$, d. i. die durch den Flüssigkeitsspiegel gezogene Linie (Trägheitsmoment = Summe der Produkte „Flächenteilchen × Quadrat des Abstandes"). Man gibt dem Trägheitsmoment den Buchstaben „J".

Der Wert unter dem Bruchstrich ist Gesamtfläche (F) × Schwerpunktsabstand (h_0).

Damit geht die obige Gleichung über in

$$x_0 = \frac{J}{F \cdot h_0}.$$

x_0 = Abstand des Angriffspunktes von der Linie $A-A$;
J = Trägheitsmoment der Fläche bezogen auf die Linie $A-A$;
h_0 = Tiefe des Schwerpunktes der Fläche.

Die Trägheitsmomente für die verschiedenen Flächen sind in der Festigkeitslehre abgeleitet, und zwar für eine durch den eigenen Schwerpunkt der Fläche gehende Linie.

Trägheitsmomente:

Für eine Rechteckfläche $J_0 = \dfrac{b h^3}{12}$ (b Rechteckbreite, h Rechteckhöhe).

Für eine Kreisfläche $\quad J_0 = \dfrac{\pi}{64} d^4$ (d Kreisdurchmesser).

Gleichgewicht einer idealen Flüssigkeit. 19

Für eine Linie, die um den Abstand a am Schwerpunkte vorbeigeht, erhöht sich das Trägheitsmoment um den Betrag $a^2 \cdot F$ (F Flächeninhalt) $J = J_0 + a^2 \cdot F$.

Aus der Gleichung
$$x_0 = \frac{f_1 h_1^2 + f_2 h_2^2 + f_3 h_3^3}{F \cdot h_0} = \frac{J}{F h_0}$$
wird
$$x_0 = \frac{J_0 + a^2 F}{F \cdot h_0}.$$

Da a derselbe Wert ist wie h_0 — Entfernung des Flächenschwerpunktes vom Wasserspiegel bzw. der Linie $A-A$ —, folgt:
$$x_0 = \frac{J_0}{F \cdot h_0} + h_0.$$

Es liegt also der Angriffspunkt der Kraft um den Betrag $\frac{J_0}{F \cdot h_0}$ unter dem Schwerpunkt, d. i. tiefer als h_0.

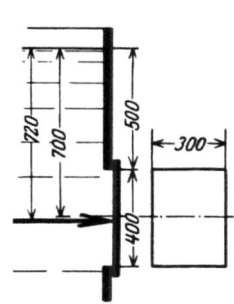 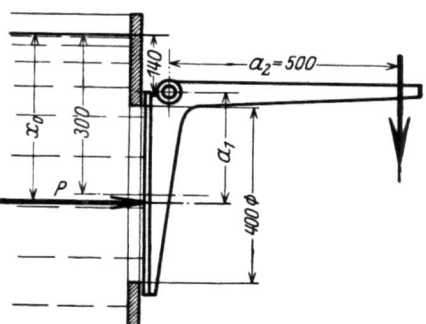

Abb. 31. Abbildung zu Beispiel 15.   Abb. 32. Abbildung zu Beispiel 16.

Beispiel 15.

Wo greift der Druck an der in Abb. 31 dargestellten Platte an?

$$J_0 = \frac{1}{12} \cdot b h^3 = \frac{1}{12} \cdot 30 \cdot 40^3 = 160\,000 \text{ cm}^4,$$

$$F = 30 \cdot 40 = 1200 \text{ cm}^2,$$

$$h_0 = 70 = a,$$

$$x = 70 + \frac{160\,000}{1200 \cdot 70} = 70 + 2 = 72 \text{ cm}.$$

Beispiel 16.

Eine kreisförmige Öffnung in einer Seitenwand (Abb. 32) ist durch einen Gewichtshebel geschlossen. Mit welcher Kraft x muß der Hebel belastet sein, wenn die Schlußkraft genau gleich dem Seitendruck auf die Klappe sein soll? (In der Ausführung muß die Schlußkraft wesentlich größer sein, damit ein Abdichten gesichert ist.)

Der Gesamtdruck ist
$$P = \gamma \cdot h_0 \cdot F = 1 \cdot 30 \cdot \frac{40^2 \pi}{4} = 37\,500 \text{ g} = 37{,}5 \text{ kg}.$$

Hydrostatik.

Der Angriffspunkt dieses Gesamtdruckes liegt in der Tiefe:

$$x_0 = \frac{J_0}{F \cdot h_0} + h_0,$$

$$J_0 = \frac{\pi}{64} d^4, \qquad F = \frac{d^2 \pi}{4}, \qquad h_0 = 30 \text{ cm},$$

$$x_0 = 30 + \frac{\frac{\pi}{64} d^4}{\frac{d^2 \pi}{4} \cdot 30} = 30 + \frac{d^2}{16 \cdot 30} = 30 + \frac{1600}{16 \cdot 30} = 30 + 3{,}33,$$

$$x_0 = 33{,}33 \text{ cm}.$$

$$a_1 = 333{,}3 - 140 = 193{,}3 \text{ mm}$$

$$a_2 = 500 \text{ mm}$$

$$X \cdot a_2 = P \cdot a_1$$

$$X = \frac{37{,}5 \cdot 193{,}3}{500} = 145 \text{ kg}.$$

Beispiel 17.

Welches Drehmoment muß aufgewendet werden, um eine um 1,4 m unter dem Wasserspiegel liegende Klappe von 1,2 m Durchmesser geschlossen zu halten? (Der Angriffspunkt des Druckes liegt unterhalb der Mitte. Der Druck ist also bestrebt, die Klappe, wie eingetragen, zu drehen. Abb. 33.)

Der Druck beträgt

$$P = \gamma \cdot h \cdot F = 1 \cdot 140 \cdot \frac{120^2 \pi}{4} = 158\,000 \text{ g} = 158 \text{ kg}.$$

Der Abstand vom Schwerpunkt (Drehachse der Klappe) bis zum Angriffspunkt der Kraft ist

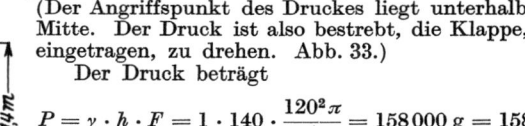

$$\frac{J_0}{F \cdot h_0} = \frac{\frac{\pi}{64} d^4}{\frac{d^2 \pi}{4} \cdot 140} = \frac{d^2}{16 \cdot 140} = \frac{14400}{16 \cdot 140} = 6{,}4 \text{ cm},$$

Abb. 33. Abbildung zu Beispiel 17. $\qquad Md = P \cdot a = 158 \cdot 6{,}4 = 1010 \text{ kg} \cdot \text{cm}.$

Für eine schrägliegende Seitenwand gelten folgende Gleichungen: Der Gesamtdruck ist gleich Flächeninhalt × Druckhöhe im Schwerpunkt × spezifisches Gewicht. Die Kraftrichtung steht senkrecht zur Fläche, Abb. 29.

Der Angriffspunkt der Kraft liegt um

$$x_0 = z_0 + \frac{J_0}{F \cdot z_0}$$

von A entfernt. Es ist z_0 nicht als die Tauchtiefe, sondern als die Entfernung des Schwerpunktes von der Linie $A-A$ zu messen.

Den Beweis gibt die Abb. 34. Die Kräfte $P_1, P_2, P_3 \ldots$ haben die Größen $\gamma \cdot f_1 \cdot h_1 - \gamma \cdot f_2 \cdot h_2 - \gamma \cdot f_3 \cdot h_3 \ldots$ Die statischen Momente dieser Kräfte bezogen auf die Linie $A-A$ sind $P_1 \cdot x_1 - P_2 \cdot x_2 - P_3 \cdot x_3 \ldots$

Der Auftrieb. 21

Bei einer Neigung der Seitenwand um α Grad gegen die Vertikale ist $h_1 = x_1 \cdot \cos \alpha - h_2 = x_2 \cdot \cos \alpha - h_3 = x_3 \cdot \cos \alpha \ldots$ (Abb. 35). Damit folgt für die Summe der Momente

$$P_1 \cdot x_1 + P_2 \cdot x_2 + P_3 \cdot x_3 \ldots = (\gamma \cdot f_1 \cdot x_1 \cdot \cos \alpha) \cdot x_2$$
$$+ (\gamma \cdot f_2 \cdot x_2 \cdot \cos \alpha) x_2 + (\gamma \cdot f_3 \cdot x_3 \cdot \cos \alpha) x_3 \ldots$$
$$= \gamma \cos \alpha (f_1 x_1^2 + f_2 x_2^2 + f_3 x_3^2 + \ldots).$$

Aus $P = \gamma \cdot h_0 \cdot F = \gamma \cdot z_0 \cdot \cos \alpha \cdot F$ folgt das Moment

$$P \cdot x_0 = \gamma \cdot z_0 \cdot \cos \alpha \cdot F \cdot x_0$$
$$\gamma \cdot z_0 \cdot \cos \alpha \cdot F \cdot x_0 = \gamma \cdot \cos \alpha \cdot (f_1 x_1^2 + f_2 x_2^2 + f_3 x_3^2 + \ldots)$$
$$x_0 = \frac{f_1 x_1^2 + f_2 x_2^2 + f_3 x_3^2}{z_0 \cdot F} = \frac{J_0 + z_0^2 F}{z_0 \cdot F} = z_0 + \frac{J}{F \cdot z_0}.$$

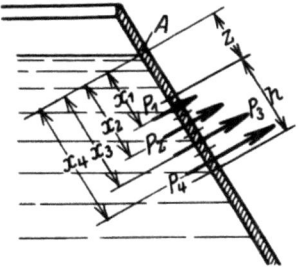

Abb. 34. Bestimmung der Lage des Seitendruckes bei einer geneigten Seitenwand.

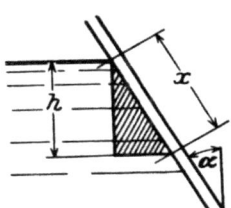

Abb. 35. Ergänzung der Abb. 34.

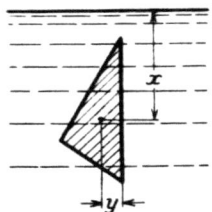

Abb. 36. Seitliche Lage des Angriffspunktes der Kraft.

Die obigen Gleichungen bestimmen die Entfernung des Druckmittelpunktes von der Linie $A-A$, d. h. von der Wasseroberfläche. Bei symmetrischen Flächen liegt der Angriffspunkt in der Symmetrieachse. Bei unsymmetrischen Flächen, Abb. 36, muß außer dem Abstand von oben auch noch die seitliche Lage des Angriffspunktes, d. h. der Wert „y" bestimmt werden. Die Bestimmung dieses Wertes ist mit der niederen Mathematik nicht durchführbar. Es kommt diese Bestimmung im übrigen in der Praxis kaum vor, da es sich bei ihr stets um symmetrische Figuren handelt.

3. Der Auftrieb.

a) Die Größe des Auftriebes.

Bei einem auf dem Wasser schwimmenden Körper tritt Gleichgewicht dadurch auf, daß der auf die Unterfläche des Körpers wirkende Flüssigkeitsdruck dem Gewicht gleich groß ist und in die gleiche Linie fällt. Man nennt diesen Flüssigkeitsdruck den „Auftrieb".

Der am Flächenteilchen „f_1" (Abb. 37) wirkende Druck p_1 kg/cm² ist gleich „$\gamma \cdot h_1$". h_1 ist die Eintauchtiefe an dieser Stelle. Aus $P_1 = p_1 \cdot f_1$ folgt $P_1 = \gamma \cdot h_1 \cdot f_1$. Mit der Kraft P_1 drückt der auf f_1

wirkende Flüssigkeitsdruck den schwimmenden Körper in die Höhe. Der auf ein anderes Flächenteilchen „f_2" wirkende Druck p_2 ist $\gamma \cdot h_2$. Er ergibt die Kraft $P_2 = \gamma \cdot h_2 f_2$. Die Gesamtheit P aller dieser Drucke P_1, P_2 ist gleich dem Gewichte der verdrängten Flüssigkeitsmenge. Das Produkt „$\gamma h_1 \cdot f_1$" ist nichts anderes als das Gewicht der kleinen Säule, welche über der Fläche f stehen würde, wenn der Körper nicht eingetaucht wäre. Das Produkt „$\gamma \cdot h_2 f_2$" ist gleich dem Gewicht der kleinen Flüssigkeitssäule, die auf f_2 stehen würde, wenn der Körper entfernt wäre. Alle diese kleinen Säulen zusammen sind gleich dem Volumen des eingetauchten Teils des Körpers, d. h. gleich dem verdrängten Wasserkörper.

Danach lautet das Gesetz:

Jeder Körper erfährt einen Auftrieb, der dem Gewichte der verdrängten Flüssigkeitsmenge gleich ist.

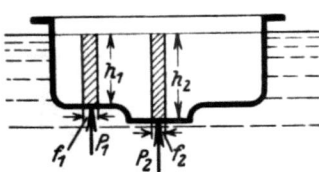

Abb. 37. Auftrieb an einem auf der Flüssigkeit schwimmenden Körper.

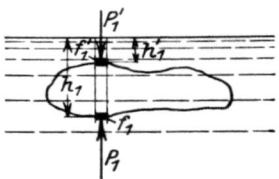

Abb. 38. Auftrieb an einem ganz eingetauchten Körper.

Dieses Gesetz gilt in gleicher Weise für einen ganz eingetauchten wie für einen auf der Flüssigkeitsoberfläche schwimmenden Körper. Für ersteren gibt Abb. 38 die Ableitung. Es wirkt auf das an der Körperunterfläche liegende Flächenteilchen f_1 die Kraft $P_1 = p_1 \cdot f_1 = \gamma \cdot h_1 \cdot f_1$. Auf das gleich große genau senkrecht über f_1 liegende Flächenteilchen f_1' wirkt die Kraft $P_1' = p_1' \cdot f_1' = \gamma \cdot h_1' \cdot f_1' = \gamma \cdot h_1' \cdot f_1'$. Die Differenz der beiden Kräfte P_1 und P_1' hat die Größe $P = P_1 - P_1' = \gamma \cdot f_1 (h_1 - h_1')$. Diese Kraft P ist gleich dem Gewicht der von der kleinen Säule mit der Höhe $(h_1 - h_1')$ und der Grundfläche f_1 bzw. f_1' verdrängten Flüssigkeitsmenge. Denkt man sich den ganzen Körper in lauter kleine Säulen zerlegt, so ergibt sich wiederum das obige Resultat.

Beispiel 18.

Wie tief taucht ein Balken von 20 · 40 cm, der breit im Wasser liegt, ein, wenn sein spezifisches Gewicht 0,7 beträgt?

Das Gewicht des Balkens von der Länge L dm ist $2 \cdot 4 \cdot L \cdot 0,7$ kg. Soviel muß die verdrängte Wassermenge auch wiegen. Die Eintauchtiefe x berechnet sich somit aus
$$x \cdot 4 \cdot L \cdot 1 = 2 \cdot 4 \cdot L \cdot 0,7,$$
$$x = 2 \cdot 0,7 = 1,4 \text{ dm} = 14 \text{ cm}.$$

b) Die Bestimmung des spezifischen Gewichtes von festen Körpern und von Flüssigkeiten.

Mit Hilfe dieses Gesetzes bestimmt man das spezifische Gewicht eines Körpers. Man wiegt ihn zunächst nach Abb. 39, d. h. in Luft,

Der Auftrieb. 23

und gewinnt damit sein absolutes Gewicht. Man wiegt ihn dann nach Schema Abb. 40 und erhält damit sein Gewicht verringert, um

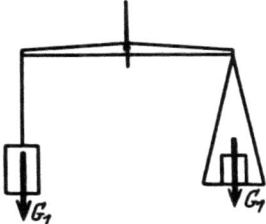

Abb. 39. Wiegen eines Körpers in Luft.

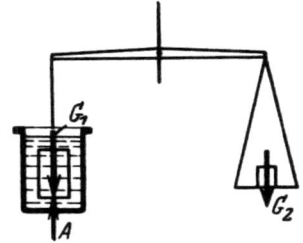

Abb. 40. Wiegen eines Körpers, der völlig in Wasser eingetaucht ist.

den Auftrieb. Der Gewichtsunterschied beider Messungen gibt das Gewicht des verdrängten Wassers, da der Auftrieb dem Gewichte der verdrängten Wassermenge gleich ist. Daraus bestimmt sich der Rauminhalt der verdrängten Wassermenge, d. i. der Rauminhalt des verdrängenden Körpers. Der Bruch „absolutes Gewicht durch Rauminhalt" ist das spezifische Gewicht.

$$G_1 = V \cdot \gamma \quad \text{(Abb. 39).}$$

V = Volumen des Körpers;
γ = spezifisches Gewicht des Körpers.

$$G_2 = G_1 - A \quad \text{(Abb. 40).}$$

A Auftrieb = Gewicht der verdrängten Wassermenge = $V \cdot 1$.

$$A = V \cdot 1 = G_1 - G_2, \qquad V \cdot \gamma = G_1,$$

$$\frac{V \cdot \gamma}{V \cdot 1} = \gamma = \frac{G_1}{G_1 - G_2}.$$

$$\gamma = \frac{G}{A}. \tag{8}$$

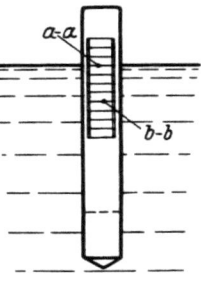

Abb. 41. Schematische Darstellung eines Aräometers.

Beispiel 19.

Ein Körper wiegt — in der Luft gewogen (Abb. 39) — 1,5 kg. Beim Wiegen in Wasser (Abb. 40) ergibt sich ein Gewicht von 1,2 kg. Wie groß ist sein spezifisches Gewicht?

Der Gewichtsverlust beträgt $1,5 - 1,2 = 0,3$ kg. Der Auftrieb beträgt also 0,3 kg, d. h. das verdrängte Wasser wiegt 0,3 kg. Dieses Wassergewicht entspricht einer Wassermenge von $0,3\,l = 0,3\,\text{dm}^3$. Der Körper hat also 0,3 dm³ verdrängt. Sein Rauminhalt ist 0,3 dm³.

Das spezifische Gewicht γ ist Gewicht durch Rauminhalt

$$\gamma = \frac{1,5}{0,5} = 5\ \text{kg/dm}^3.$$

Auf ähnliche Weise bestimmt man das spezifische Gewicht einer Flüssigkeit mit dem Aräometer (Abb. 41). Je leichter die Flüssigkeit ist, um so tiefer muß das Aräometer sinken, damit sein Gewicht durch den Auftrieb ausgeglichen wird. Taucht es z. B. nur bis zum Striche $a-a$ ein, so ergibt sich

$$G \text{ (Gewicht des Aräometers)} = V_a \cdot \gamma_1.$$

($V_a =$ Volumen des Aräometers bis zum Striche $a-a$, $\gamma_1 =$ spezifisches Gewicht der Flüssigkeit.)

Kommt es nur zu einem Eintauchen bis zum Striche $b-b$, so gilt

$$G = V_b \cdot \gamma_2.$$

($V_b =$ Volumen des Aräometers bis zum Striche $b-b$.)

Das Aräometer besitzt eine Skala, an welcher man unmittelbar das spezifische Gewicht der Flüssigkeit ablesen kann. Als Maßeinheit verwendet man erstens die bei festen Körpern übliche Festlegung, daß das spezifische Gewicht von Wasser bei 4° gleich „1" ist. In diesem Sinne spricht man davon, daß eine Flüssigkeit das spezifische Gewicht 0,8 (Spiritus), 1,2 (Schwefelsäure)... hat. Zweitens mißt man nach Beaumé. Man teilt die Skala folgendermaßen ein: Für schwere Flüssigkeiten gibt man der Eintauchtiefe in eine Lösung = 85 Teile Wasser + 15 Teile Kochsalz die Ziffer „15". Die Eintauchtiefe in reines Wasser hat die Bezeichnung „0". Mit der so gewonnenen Teilung geht man dann bis 70.

Für leichte Flüssigkeiten (leichter als Wasser) legt man den Nullpunkt fest durch eine Lösung von 1 Teil Kochsalz in 9 Teile Wasser und den Teilpunkt „10" durch reines Wasser.

Wo es sich darum handelt, das spezifische Gewicht nur so weit zu kontrollieren, ob es eine bestimmte Höhe unter- oder übersteigt, bringt man in die Flüssigkeit einen Körper, der dieses spezifische Gewicht hat. Derselbe geht unter, sobald die Flüssigkeit leichter geworden ist. Er schwimmt, wenn sie schwerer ist (Kontrolle des Ladezustandes einer Akkumulatorenbatterie nach dem spezifischen Gewichte der Schwefelsäure).

c) Der Angriffspunkt des Auftriebes. Die Stabilität des Schwimmens.

Der Angriffspunkt des Auftriebes liegt im Schwerpunkt der verdrängten Wassermenge. Er muß senkrecht unter (bzw. über) dem Schwerpunkte des Gesamtkörpers liegen. Gewicht und Auftrieb können sich nur dann im Gleichgewicht halten, wenn sie in eine und dieselbe Linie fallen. Es muß sich ein schwimmender Körper, indem er sich dreht, so einstellen, daß dieser Zustand erreicht wird. Legt man einen Körper nach Abb. 42 auf die Wasseroberfläche, so wird er sich, sobald man ihn losläßt, so stellen, wie Abb. 43 zeigt.

Bei einem Körper, der durch einen festen Körper gestützt ist, unterscheidet man zwischen stabilem, labilem und indifferentem Gleichgewicht. In gleicher Weise unterscheidet man bei einem schwimmenden Körper, d. h. einem von einer Flüssigkeit gestützten Körper. Man spricht in diesem Sinne von der Schwimmlage. Ein Körper schwimmt stabil, wenn er aus einer geneigten Lage von selbst in die ursprüngliche Lage

Der Auftrieb.

zurückkehrt. Das ist der Fall, wenn beim Kippen des Körpers ein Drehmoment erzeugt wird, das rückdrehen will. Eine labile Lage hat der Körper, wenn das durch das Kippen hervorgerufene Moment nicht rückdreht, sondern weiterkippt. Im indifferenten Gleichgewicht befindet sich ein Körper, wenn er in jeder beliebigen Lage liegen bleibt, sich also weder rückdreht noch weiterkippt.

Abb. 42—44 kennzeichnen die beiden ersten Fälle. Es liegt in Abb. 43 der Schwerpunkt des Balkens dank der unten angeschraubten Eisen-

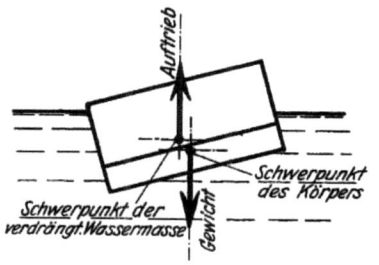

Abb. 42. Nicht im Gleichgewicht befindlicher schwimmender Körper.

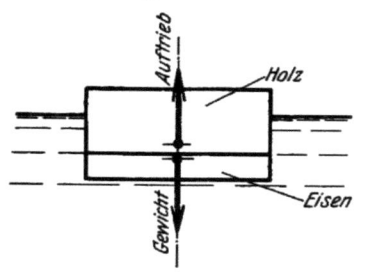

Abb. 43. Im Gleichgewicht befindlicher schwimmender Körper. (Gewichtsstabilität.)

platte tiefer als der Schwerpunkt der verdrängten Wassermenge. Die Abb. 42 kennzeichnet das beim Kippen auftretende Drehmoment. Da die Stabilität des Körpers in diesem Falle durch die Lage des Balkenschwerpunktes (Angriffspunkt des Balkengewichtes) gesichert ist, nennt man sie Gewichtsstabilität. Abb. 44 zeigt die labile Lage. Das hier auftretende Drehmoment kippt weiter.

Aus der Abb. 42 ist nicht der Schluß zu ziehen, daß lediglich der Umstand — Schwerpunkt des Körpers unterhalb des Schwerpunktes der verdrängten Wassermenge — dafür maßgebend ist, daß der Körper stabil schwimmt. Es kann ein Körper sehr wohl stabil schwimmen, auch wenn er die Schwerpunkte der Lage nach Abb. 45 hat. Es hängt

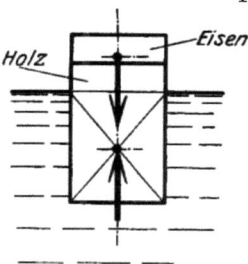

Abb. 44. Im Gleichgewicht befindlicher schwimmender Körper. (Labiles Gleichgewicht).

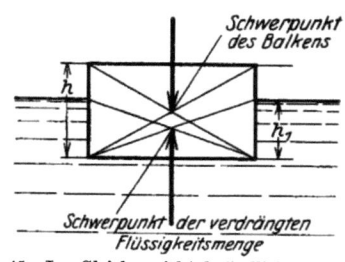

Abb. 45. Im Gleichgewicht befindlicher schwimmender Körper. (Keine Gewichtsstabilität.)

in den Fällen, in welchen der Körperschwerpunkt über dem Schwerpunkt der verdrängten Wassermenge liegt, von der Gestalt des Körpers ab, ob Stabilität vorhanden ist oder nicht. (Das gleiche gilt auch von festen Körpern, s. Mechanik I, S. 114.)

26   Hydrostatik.

d) Das Metazentrum.

Die Lehre von der Stabilität von Körpern, bei welchen der eigene Schwerpunkt über dem Schwerpunkt der verdrängten Wassermenge liegt, nennt man die Lehre vom Metazentrum.

Abb. 45. Der Balkenschwerpunkt liegt in $\frac{h}{2}$. Der Auftrieb greift in $\frac{h_1}{2}$ an. Ersterer liegt über letzterem. Bei einer Kippbewegung (Abb. 46) kommt der keilförmige Körper 1 aus dem Wasser heraus, der gleich große keilförmige Körper 2 taucht dafür in das Wasser ein. Die Lage des

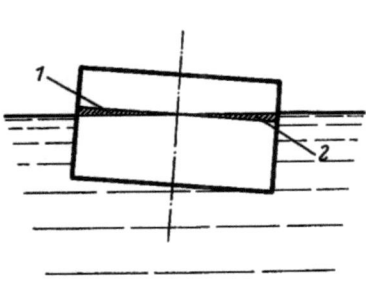
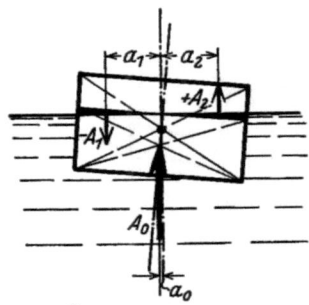

Abb. 46. Körper der Abb. 45 bei Schrägstellung.

Abb. 47. Änderung des Auftriebes beim Übergang des Körpers aus der Lage Abb. 45 in die Lage Abb. 46.

neuen nun auftretenden Auftriebes, die ausschlaggebend ist dafür, ob ein rückdrehendes oder weiterkippendes Moment auftritt, bestimmt sich so:

Der neue Auftrieb A_I ist die Resultante aus dem alten Auftrieb, A_0 dem neu hinzukommenden Auftriebe des Teiles 2 und dem in Fortfall kommenden Auftriebe des jetzt ausgetauschten Teiles 1.

$$A_I = A_0 + A_2 - A_1 \text{ (Abb. 47)}.$$

A_2 und A_1 berechnen sich bei einem Kippen um den Winkel α mit:

$$A_2 = \frac{b}{2}\left(\frac{b}{2}\operatorname{tg}\alpha\right)\frac{1}{2} \text{ (Abb. 48).}$$

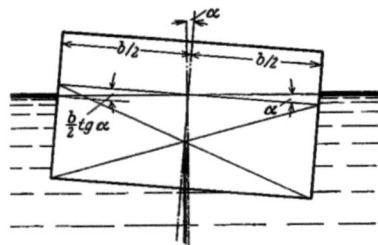
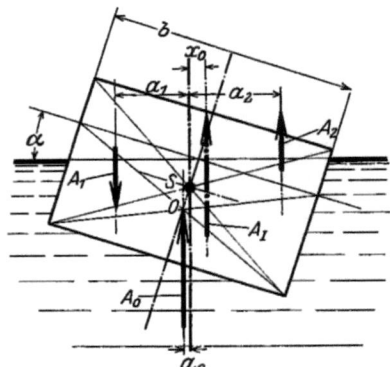

Abb. 48. Bestimmung der beim Kippen auftretenden Zusatz-Auftriebskräfte.

Abb. 49. Bestimmung der Lage des neuen Auftriebes.

Da α klein ist, kann man vereinfachend für $\operatorname{tg}\alpha$ den Winkel α selbst einsetzen und schreiben:

$$A_2 = \frac{b^2}{8}\alpha.$$

Der Auftrieb.

Die Lage von A_I bestimmt sich aus dem Satze: Das statische Moment der Resultierenden (A_I) ist gleich der Summe der statischen Momente der Einzelkräfte ($A_0 + A_2 - A_1$) (Abb. 49).

Als Drehpunkt sei S, der Schwerpunkt des Körpers, angenommen, da die Lage von A_I gegenüber S die Stabilität bestimmt. Geht A_I links an S vorbei, so kippt der Körper weiter. Geht A_I rechts an S vorbei, so erfolgt eine Rückdrehung (Abb. 50 und 51).

$$A_I \cdot x_0 = -A_0 \cdot a_0 + A_1 \cdot a_1 + A_2 \cdot a_2.$$

Da $A_1 = A_2$ ist, folgt $A_I \cdot x_0 = -A_0 \cdot a_0 + A_1(a_1 + a_2)$ und da $(a_1 + a_2) = \frac{2}{3} b$ ist, folgt

$$A_I \cdot x_0 = -A_0 \cdot a_0 + A_1 \tfrac{2}{3} b.$$

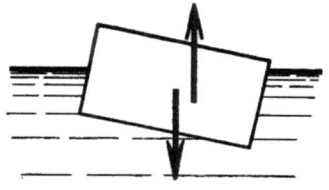

Abb. 50. Lage des neuen Auftriebes bei stabilem Schwimmen.

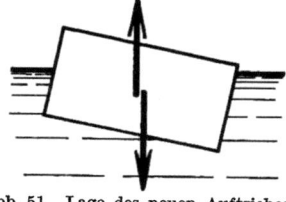

Abb. 51. Lage des neuen Auftriebes bei labilem Gleichgewicht.

Setzt man für a_0 den Wert $m \cdot \sin\alpha$ oder vereinfacht $m \cdot \alpha$ ein, wie er sich aus dem Dreieck SOF (Abb. 52) ergibt, und für A_1 den Wert $\frac{b^2}{8} \cdot \alpha$, so wird

$$A_I \cdot x_0 = -A_0 \cdot m \cdot \alpha + \frac{b^2}{8} \cdot \alpha \cdot \frac{2}{3} b.$$

Da $A_I = A_0 = b \cdot h_1$ ist, folgt

$$x_0 = -m \cdot \alpha + \frac{\frac{b^2}{8} \cdot \alpha \cdot \frac{2}{3} b}{b \cdot h_1}$$

$$= -m \cdot \alpha + \frac{b^2}{12} \cdot \frac{\alpha}{h_1}$$

$$= \alpha\left(-m + \frac{b^2 \cdot \alpha}{12 h_1}\right).$$

$$\boxed{x_0 = \alpha\left(\frac{b^2}{12 h_1} - m\right).} \quad (9)$$

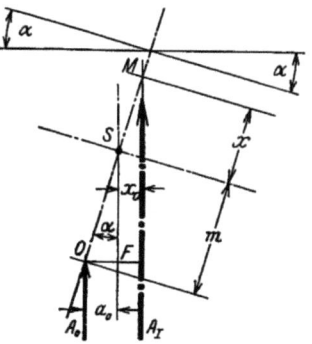

Abb. 52. Metazentrische Höhe „x" des Körpers nach Abb. 45.

Ist m größer als $\frac{b^2}{12 h_1}$, so wird x_0 negativ. Das auftretende Moment hat negativen Sinn, es dreht entgegengesetzt dem Uhrzeiger, d. i. in dem gewählten Falle gleichbedeutend mit einem Weiterkippen. Ist m kleiner als $\frac{b^2}{12 \cdot h_1}$, so wird x_0 positiv. Das auftretende Moment hat Uhrzeigersinn, es bringt den Körper also in die alte Lage.

Es hängt die Stabilität (für kleine Werte von α) also lediglich von den Werten „m", „b" und „h_1" ab. Ist der Körper sehr hoch, so daß

„m" hoch ist, so liegt die Gefahr vor, daß der Körper labil ist. Ist „b" groß im Vergleich zu h_1, hat der Körper große Breite im Vergleich mit seiner Eintauchtiefe „h_1", so wird der Betrag $\frac{b^2}{12\,h_1}$ groß, und es kommt dazu, daß x_0 positiv wird. Der Körper schwimmt stabil.

Um aus dem Zwiespalt der Drehmomentrichtung herauszukommen, die davon abhängt, ob man so oder so gekippt hat, um ferner den Winkel α aus der Gleichung zu entfernen, bildet man aus x_0 eine andere Größe, die für alle Fälle eindeutig die Entscheidung gibt (Abb. 52).

Die Linie des neuen Auftriebes schneidet die Mittellinie des Körpers im Punkte M. Liegt M oberhalb von S, so erfolgt Rückdrehung, liegt M unterhalb von S, so kommt es zu einem Kippen. Man bezeichnet die Länge MS als metazentrische Höhe. Zum stabilen Schwimmen gehört eine metazentrische Höhe, d. h. M muß oberhalb S liegen.

Da $\sin \alpha = \dfrac{x_0}{x}$ ist und man der Kleinheit des Winkels wegen für $\sin \alpha$ den Winkel α selbst einsetzen kann, folgt mit

$$x = \frac{x_0}{\alpha}$$

metazentrische Höhe
$$x = \frac{b^2}{12\,h_1} - m. \qquad (10)$$

Beispiel 20.

Wie groß ist die metazentrische Höhe eines Balkens von 40 cm Breite, 15 cm Höhe und dem spezifischen Gewicht $\gamma = 0{,}8$?

Der Balken taucht um $h_1 = 12$ cm ein. (15 cm Höhe vom spezifischen Gewicht 0,8 entsprechen $15 \cdot 0{,}8 = 12$ cm vom spezifischen Gewicht 1 des Wassers.) Der Schwerpunkt der verdrängten Wassermenge liegt 6 cm über der Unterfläche. Der Schwerpunkt des Balkens selbst 7,5 cm über der Unterfläche $m = 7{,}5 - 6 = 1{,}5$ cm

$$x = \frac{40^2}{12 \cdot 12} - 1{,}5 = 11{,}5 - 1{,}5 = 10 \text{ cm}.$$

Der Balken schwimmt stabil.

Beispiel 21.

Wie groß ist die metazentrische Höhe eines Balkens von 30 cm Breite, 18 cm Höhe und dem spezifischen Gewicht $\gamma = 0{,}8$?

Der Balken taucht um $0{,}8 \cdot 18 = 14{,}4$ cm ein.

$$x = \frac{30^2}{12 \cdot 14{,}4} - \left(\frac{18}{2} - \frac{14{,}4}{2}\right) = 5{,}2 - 1{,}8 = 3{,}4 \text{ cm}.$$

Der Balken schwimmt stabil.

Beispiel 22.

Wie groß ist die metazentrische Höhe eines quadratischen Balkens von 24 cm Kantenlänge? $\gamma = 0{,}6$.

Der Balken taucht um $24 \cdot 0{,}6 = 14{,}4$ cm ein.

$$x = \frac{24^2}{12 \cdot 14{,}4} - \left(\frac{24}{2} - \frac{14{,}4}{2}\right) = 3{,}35 - 4{,}8 = -1{,}45 \text{ cm}.$$

Der Balken hat keine metazentrische Höhe. Er schwimmt nicht stabil.

4. Das relative Gleichgewicht flüssiger Körper.

Es steht eine Flüssigkeitsmenge unter der Wirkung unverändert bleibender Beschleunigungskräfte. Diese Beschleunigungskräfte werden durch entsprechende Stützkräfte im Gleichgewicht gehalten. In diesem Falle kommt eine Bewegungsänderung der Flüssigkeitsmenge nicht zustande. Demgemäß fallen Zustände dieser Art in das Gebiet der Statik.

a) Die Flüssigkeit unter unveränderter Beschleunigung bei geradliniger Bewegung.

Bewegt sich ein Gefäß nach Abb. 53 mit der konstanten Beschleunigung p in Richtung des Pfeiles, so setzt das Massenteilchen a von der Masse m dieser Beschleunigung den Widerstand $m \cdot p$ entgegen. Es wirkt auf dasselbe also neben dem Eigengewicht $m \cdot g$ der Beschleunigungswiderstand $m \cdot p$. Die auf das Teilchen wirkende Gesamtkraft R ist die aus $m \cdot p$ und $m \cdot g$ sich ergebende Resultante. Das Flüssigkeitsteilchen „b" kann nur Kräfte, die senkrecht zur Ober-

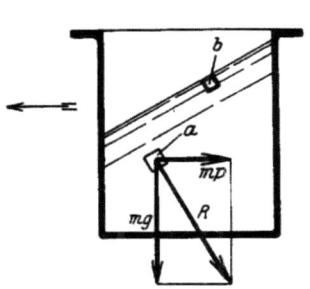
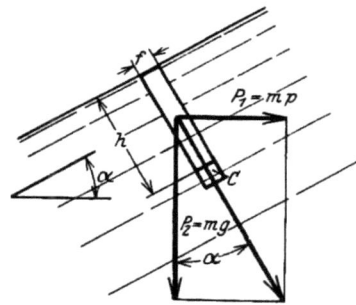

Abb. 53. Flüssigkeit in einem Gefäß bei gleichförmig beschleunigter Bewegung.

Abb. 54. Druckverlauf in einer Flüssigkeit bei gleichförmig beschleunigter Bewegung.

fläche stehen, aufnehmen. Daraus folgt, daß sich die Oberfläche so einstellen muß, daß sie senkrecht zu R steht. Der Druck pflanzt sich in ähnlicher Weise fort wie bei einer ruhig stehenden Wassermasse. Er nimmt stetig mit der Tiefe zu, wobei die Tiefe sinngemäß senkrecht zur Oberfläche gemessen wird. Die Druckhöhe berechnet sich aus der Überlegung, daß das Teilchen „c" die aus dem Beschleunigungsdruck in Richtung „1" und die aus dem Eigengewicht in Richtung „2" resultierende Wirkung der über ihm stehenden Flüssigkeitssäule „h" tragen muß. Der Rauminhalt dieser Säule ist $f \cdot h$, die Maße $f \cdot h \cdot \gamma$. Die resultierende Beschleunigung beträgt „r". r wird durch Zusammensetzung von „g" Erdbeschleunigung und „p" ermittelt. $P = \dfrac{f \cdot h \cdot \gamma}{g} \cdot r$ drückt auf die Fläche „f". Die Flächenpressung (Abb. 54) ist

$$k = \frac{P}{f} = \frac{f \cdot h \cdot \gamma}{g} \cdot \frac{r}{f} = h \cdot \gamma \cdot \frac{r}{g}.$$

Der Druck ist im Verhältnis $\dfrac{r}{g}$ größer als bei einer ruhenden Flüssigkeit.

Die Neigung der Oberfläche gegen die Horizontale bestimmt sich aus dem Dreieck ABC. Für $\beta = 0$, d. i. Beschleunigung in horizontaler Richtung, wird $\operatorname{tg}\alpha \frac{p}{g}$ (Abb. 55).

b) Die Flüssigkeit unter unveränderter Beschleunigung bei kreisender Bewegung.

Eine im zylindrischen Gefäße befindliche Flüssigkeit nimmt beim Kreisen des Gefäßes infolge der Reibung zwischen Flüssigkeit und Gefäßwandung am Kreisen teil. Der Flüssigkeitsspiegel sinkt nun in der Mitte ab. Es steigt die Flüssigkeit an den Rändern in die Höhe.

Die Kurve, welche sich dabei herausbildet, ist eine Parabel.

Beweis (Abb. 56): Das würfelige Flüssigkeitsteilchen „a", das die Seitenflächen f hat, steht unter dem Einfluß erstens der Zentrifugalkraft der zur Mitte hin liegenden Flüssigkeitssäule $x \cdot f$ und zweitens

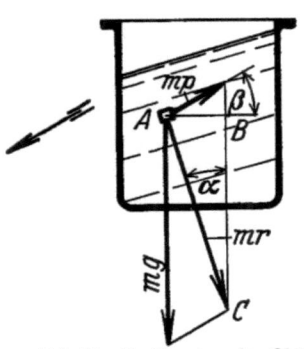 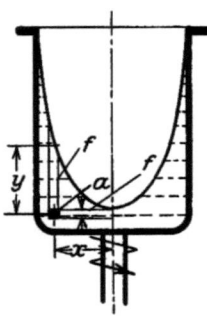 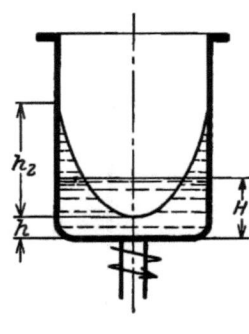

Abb. 55. Bestimmung der Oberflächenneigung einer beschleunigten Flüssigkeit.

Abb. 56. Paraboloidform einer kreisenden Flüssigkeitsmenge.

Abb. 57. Bestimmung der Steighöhe einer kreisenden Flüssigkeitsmenge.

dem Drucke der über ihm stehenden Flüssigkeitssäule $y \cdot f$. Der Druck aus beiden Richtungen muß gleich groß sein, sonst würde das Teilchen a nach einer Seite ausweichen.

Der Druck aus der Zentrifugalkraft ist:

$$P_1 = \frac{f \cdot x \cdot \gamma}{g} \cdot \omega^2 \cdot \frac{x}{2}, \qquad P_1 = m \cdot \omega^2 \cdot r.$$

$f \cdot x =$ Rauminhalt der Säule,
$\gamma =$ spezifisches Gewicht,
$g =$ Erdbeschleunigung,
$\frac{f \cdot x \cdot \gamma}{g} = m =$ Masse der Säule x,
$\omega =$ Winkelgeschwindigkeit,
$\frac{x}{2} = r =$ Radius des Kreises, in welchem der Schwerpunkt der Säule x umläuft.

Der Druck aus der Last der Säule y ist $P_2 = f \cdot y \cdot \gamma$.
$P_1 = P_2$ ergibt

$$\frac{f \cdot x \cdot \gamma}{g} \cdot \omega^2 \cdot \frac{x}{2} = f \cdot y \cdot \gamma,$$

$$y = \frac{x^2 \cdot \omega^2}{2g}. \qquad (11)$$

Für eine gegebene Wassermenge läßt sich die Lage der Kurve berechnen.

Der Rauminhalt bei Ruhelage ist mit $\frac{D^2 \pi}{4} \cdot H$ gegeben. Sinkt der Scheitelpunkt S der Parabel auf die Höhe h herunter, so steht im Gefäße erstens eine zylindrische Wassermenge $\frac{D^2 \pi}{4} \cdot h$ und zweitens ein Raum von $\frac{D^2 \pi}{4} \cdot h_2$ weniger den Raum des Umdrehungsparaboloids von der Höhe h_2. Da ein Umdrehungsparaboloid den halben Rauminhalt des ihm umschriebenen Zylinders hat, folgt für diesen Raum

$$\frac{1}{2} \cdot \frac{D^2 \pi}{4} \cdot h_2.$$

$$\frac{D^2 \pi}{4} H = \frac{D^2 \pi}{4} \cdot h + \frac{1}{2} \frac{D^2 \pi}{4} \cdot h_2.$$

$$H = h + \tfrac{1}{2} h_2.$$

Nach Gleichung (11) ist mit $x = \frac{D}{2}$

$$h_2 = \frac{D^2 \cdot \omega^2}{4 \; 2g} = \frac{D^2 \cdot \omega^2}{8g}.$$

Setzt man für $\frac{D}{2} \omega$ die Umfangsgeschwindigkeit v ein, so folgt

$$h_2 = \frac{v^2}{2g}$$

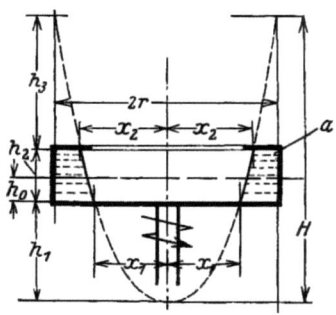

Abb. 58. Verlauf der Oberfläche in einem Gefäß, das oben einen Rand besitzt.

Bei einer Ausführung des Gefäßes nach Abb. 58 entsteht kein volles Paraboloid. Es liegt erstens der Scheitelpunkt außerhalb des Gefäßes. Es fällt zweitens der Punkt der Parabel, welche den Wert $x = \frac{D}{2}$ hat, aus dem Gefäß heraus.

Den Bezeichnungen der Abb. 58 folgt für eine Füllung mit $\frac{D^2 \pi}{4} \cdot h_0$ (h_0 Höhe der Flüssigkeit in der Zentrifuge bei Stillstand).

Hydrostatik.

Aus der Bedingung, daß die Flüssigkeitsmenge unverändert bleibt, folgt gemäß Abb. 59

$$r^2\pi \cdot h_0 = (r^2\pi - x_2^2\pi) \cdot h_2 + \frac{x_2^2\pi \cdot (h_1 + h_2)}{2}$$
$$- (x_2^2\pi - x_1^2\pi)h_1 - x_1^2\pi \cdot \frac{h_1}{2},$$
$$r^2\pi \cdot h_0 = r^2\pi \cdot h_2 - x_2^2\pi \cdot h_2 + x_1^2\pi \cdot h_1$$
$$+ x_2^2\pi \cdot \frac{h_2}{2} - x_1^2\pi \cdot \frac{h_1}{2}$$
$$+ x_2^2\pi \cdot \frac{h_1}{2}$$
$$- x_2^2\pi \cdot h_1.$$

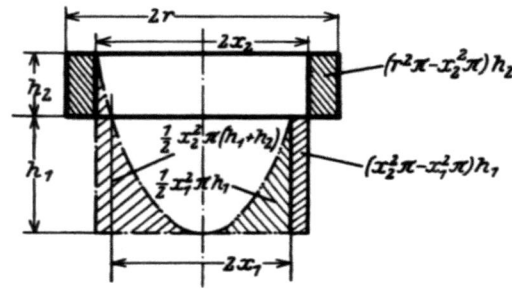

Abb. 59. Unterteilung des Flüssigkeitskörpers der Abb. 58.

$$r^2\pi(h_0 - h_2) = x_2^2\pi - \left(\frac{h_2}{2} - \frac{h_1}{2}\right) + x_1^2\pi \cdot \frac{h_1}{2},$$
$$r^2\pi(h_2 - h_0) = x_2^2\pi \frac{h_1 + h_2}{2} - x_1^2\pi \cdot \frac{h_1}{2}.$$

Aus Gleichung (9) folgt für x_2 und $h_1 + h_2$

$$x_2^2 \frac{\omega^2}{2g} = h_1 + h_2.$$

Aus Gleichung (9) folgt für x_1 und h_1

$$x_1^2 \frac{\omega^2}{2g} = h_1,$$
$$r^2(h_2 - h_0) = \frac{h_1 + h_2}{2} \cdot \frac{(h_1 + h_2)2g}{\omega^2} - \frac{h_1}{2} \cdot h_1 \cdot \frac{2g}{\omega^2},$$
$$\frac{r^2 \cdot \omega^2 \cdot (h_2 - h_0)}{2g} = \frac{(h_1 + h_2)^2}{2} - \frac{h_1^2}{2},$$
$$\frac{r^2 \omega^2 (h_2 - h_0)}{g} = 2h_1 h_2 + h_2^2,$$
$$h_1 = \frac{r^2 \cdot \omega^2 \cdot (h_2 - h_0)}{g \cdot 2h_2} - \frac{h_2}{2}.$$

Wichtig ist die Höhe des Druckes am Punkte „a". Dieselbe ist bestimmt durch die Höhe h_3, welche das Paraboloid bis zu seinem Auslaufen in die Gefäßwand erreichen würde.

Aus $h_3 + h_2 + h_1 = \dfrac{r^2 \cdot \omega^2}{2g}$ folgt mit dem obigen Werte für h_1

$$h_3 = \frac{r^2 \omega^2}{2g} - h_2 - \frac{r^2 \omega^2 (h_2 - h_0)}{g \cdot 2 h_2} + \frac{h_2}{2},$$

$$h_3 = \frac{r^2 \cdot \omega^2 \cdot h_2 - r^2 \omega^2 \cdot h_2 + r^2 \omega^2 h_0}{2 g h_2} - \frac{h_2}{2},$$

$$h_3 = \frac{r^2 \omega^2 \cdot h_0}{2 g h_2} - \frac{h_2}{2}.$$

Für Annäherungsrechnung wird man den ausgefüllten Raum in der Zentrifuge als Kreisring mit zylindrischer Innenfläche (also nicht mit paraboloidischer Innenfläche) annehmen. Daraus folgt die Dicke des Ringes:

$$(r^2 \pi - x_2^2 \pi) \cdot h_2 = r^2 \pi \cdot h_0,$$

$$x_2^2 \pi \cdot h_2 = r^2 \pi (h_2 - h_0),$$

$$x_2^2 = r^2 \cdot \frac{(h_2 - h_0)}{h_2}.$$

Der mittlere Durchmesser des Kreisringes ist

$$x_0 = \frac{r + x_2}{2}.$$

Der Druck P auf die Außenwand für eine Säule vom Querschnitt f ist:

$$P = (r - x_2) f \cdot \frac{\gamma}{g} \cdot \omega^2 \cdot \left(\frac{r + x_2}{2}\right)$$

und die auf das Außenflächenteilchen wirkende Flächenpressung wird damit

$$p = \frac{P}{f} = \frac{\gamma}{g} \cdot \omega^2 \cdot \left(\frac{r^2 - x_2^2}{2}\right).$$

Aus $(r^2 - x_2^2) \cdot \pi \cdot h_2 = r^2 \cdot \pi \cdot h_0$ folgt

$$(r^2 - x_2^2) = r^2 \cdot \frac{h_0}{h_2},$$

$$p = \frac{\gamma}{g} \cdot \omega^2 \cdot \frac{r^2}{2} \cdot \frac{h_0}{h_2}.$$

(Dieses Resultat stimmt mit dem obigen Werte für h_3 überein, wenn man den Wert $\dfrac{h_2}{2}$ neben dem Werte $\dfrac{r^2 \omega^2 \cdot h_0}{2 g h_2}$ vernachlässigt, was man seiner relativen Kleinheit wegen tun kann.)

II. Hydrodynamik.

In der Lehre der festen Körper ist die gleichförmige Bewegung eines Körpers unter Auftreten von Reibungsverlusten als Teil der Statik behandelt. In der Lehre von den flüssigen Körpern zieht man diesen Teil in die Dynamik. Das hat folgenden Grund:

Die Deckung der Reibungsverluste bei einer Flüssigkeit erfolgt vielfach aus einem Beschleunigungsprozeß. Es kommt zwar nicht zu einer Bewegungsänderung, obschon Beschleunigungskräfte auftreten. Letztere reichen vielmehr nur gerade dazu, die Reibungswiderstände zu decken. Aber darum liegt dem gleichförmigen Fließen einer Flüssigkeit dann doch ein Vorgang zugrunde, der in das Gebiet der Dynamik gehört, d. h. ein Beschleunigungsvorgang.

Fließt eine sekundliche Wassermenge Q durch ein Rohr vom Querschnitt F, so ergibt sich
$$Q = F \cdot v.$$

$v =$ die mittlere Durchflußgeschwindigkeit.

Man bezeichnet Q als Zeitvolumen oder Zeitgewicht.

Die Geschwindigkeit der Flüssigkeit ist an den einzelnen Punkten des Querschnittes verschieden groß. Es fließt die Flüssigkeit in Mitte Querschnitt schneller als am Rande, wo die Reibung an der Wandung eine Hemmung ergibt. In der Praxis spielen diese Unterschiede keine

Abb. 60 und 61. Wirbelbildung in Rohren an einer Ausbeulung.

Rolle. Man rechnet ganz allgemein nach obiger Gleichung mit der gleichen Geschwindigkeit.

An Stellen, die eine Ausbeulung zeigen, treten Wirbel in der Strömung auf. Teils entstehen in sich geschlossene Strömungsvorgänge nach Abb. 60, teils ergeben sich Verläufe nach Abb. 61, die in den Gesamtstrom einspringen. Wirbelungen dieser Art treten sprungweise auf.

Die dadurch hervorgerufenen Verluste lassen sich rechnerisch nicht bestimmen.

1. Der Begriff der Geschwindigkeitshöhe.

Das Fließen einer Flüssigkeit ist in den meisten Fällen zurückzuführen auf die Umwandlung einer Energie der Lage in kinetische Energie. Die Geschwindigkeit einer im offenen Kanal fließenden Flüssigkeit kommt zustande wie die Geschwindigkeit eines fallenden Körpers. Sie ist die Folge eines Beschleunigungsvorganges. Unter diesem Gesichtspunkte kann man alle Flüssigkeitsströmungen nach dem Gesetze von der Erhaltung der Energie behandeln.

Abb. 62. Angenommen das Flüssigkeitsteilchen t vom Gewichte „G" im Punkte 1 hat die Geschwindigkeit „v_1", so enthält es als kinetische Energie den Arbeitsbetrag $\frac{G}{g}\frac{v_1^2}{2}$. Befindet es sich um „$h$" Meter über der Ebene $A-A$ und bezieht man die Energierechnung auf diese Ebene, so ist die Gesamtarbeit, welche im Flüssigkeitsteilchen „G" steckt,

$$A = Gh + \frac{G}{g}\frac{v_1^2}{2}.$$

Sinkt das Flüssigkeitsteilchen um die Höhe „h", so enthält es keine Energie der Lage mehr. Seine Höhe über der Ebene $A-A$ ist gleich Null. Seine Gesamtarbeit bestimmt sich als kinetische Energie mit $\frac{G}{g}\frac{v_2^2}{2}$. Unter der Annahme, daß beim Sinken des Teilchens von der Lage 1 zur Lage 2 keine Energie verlorengegangen ist, folgt

$$A = Gh + \frac{G}{g}\frac{v_1^2}{2} = \frac{G}{g}\frac{v_2^2}{2}.$$

Abb. 62. Das Gefälle als Triebkraft für ein gleichförmiges Fließen trotz auftretender Reibung.

Berücksichtigt man die Reibungsarbeit A_R, so ergibt sich die Gleichung

$$Gh + \frac{G}{g}\frac{v_1^2}{2} = A_R + \frac{G}{g}\frac{v_2^2}{2}.$$

Ist die Endgeschwindigkeit v_2 ebenso groß wie die Anfangsgeschwindigkeit v_1, wie es z. B. in einem glatten offenen Gerinne nach Abb. 62 der Fall sein kann, so folgt aus der Bilanz

$$A_r = Gh.$$

Für das Flüssigkeitsgewicht G ist die Höhe h aufzuwenden, um das Fließen desselben mit der Geschwindigkeit v zu sichern, d. h. um die bei dieser Geschwindigkeit auftretenden Reibungsverluste zu decken. Die Höhe „h" ist die Verlusthöhe; sie stellt den Gefällsverlust dar, den das Fließen der Flüssigkeit ergibt.

Die Gleichwertigkeit von Gh und $\frac{mv^2}{2}$ führt dazu, daß man von einer Geschwindigkeitshöhe h spricht, d. h. von der Höhe, die einer bestimmten Geschwindigkeit gleichwertig ist.

$$Gh = \frac{m \cdot v^2}{2} = \frac{G \cdot v^2}{2g},$$

$$h = \frac{v^2}{2g}. \qquad (12)$$

a) Bewegung des Wassers in Kanälen.

Die Reibungsarbeit in einem Kanal konstanten Querschnittes hat je Meter Kanallänge die gleiche Größe. Das ergibt, daß der Kanal mit gleichbleibendem Gefälle zu verlegen ist.

Die Größe des Reibungswiderstandes hängt ab
1. von der Form des Kanals,
2. von der Rauhigkeit der Kanaloberfläche,
3. von der Fließgeschwindigkeit.

Die Kanalform ist wirksam im Verhältnis: Querschnittsfläche F durch wasserberührte Kanalfläche u''. Es ist einleuchtend, daß mit einer Vergrößerung der benetzten Fläche eine Vergrößerung der Reibung stattfinden wird. Ein Kanal von der Form Abb. 64 hat größeren Widerstand als ein solcher von der Form Abb. 63.

Das Gefälle $\sin \alpha = \dfrac{h}{L}$ bestimmt sich mit

$$\sin \alpha = \varrho \cdot \frac{u}{F} \cdot \frac{c^2}{2g}.$$

$\varrho =$ Widerstandszahl für die benetzte Flächeneinheit,
$F =$ Querschnittsfläche,
$u =$ der benetzte Teil des Umfanges des Leitungsquerschnittes.

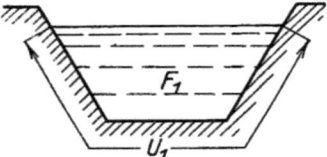
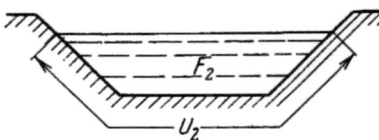

Abb. 63 und 64. Kanalprofile.

Nach Weißbach kann man für ϱ bei Flüssen und Kanälen setzen

$$\varrho = 0{,}0074 \left(1 + \frac{0{,}05853}{c}\right).$$

Durch „c" kommt in der Weißbachschen Formel bereits der Einfluß der Flußgeschwindigkeit zur Geltung.

Die von Bazin aufgestellte Gleichung lautet:

$$\sqrt{\frac{2g}{\varrho}} = \frac{87}{1 + a\sqrt{\dfrac{u}{F}}}.$$

In dieser Gleichung ist c unberücksichtigt geblieben. Dafür ist im Faktor a der Rauhigkeit der Kanalwandung Rechnung getragen. Es gelten für „a" folgende Werte:

$a = 0{,}06$ gehobeltes Holz und Zement,
$a = 0{,}16$ ungehobeltes Holz und Quadern,
$a = 0{,}47$ Bruchsteinmauerwerk,
$a = 1{,}3$ Erde,
$a = 1{,}75$ Steingeröll.

b) Die Bewegung des Wassers in Röhren.

Der Bewegungswiderstand des Wassers in einem Rohr ist in gleicher Weise wie bei einem Kanal abhängig von den drei oben angegebenen Werten.

Nach der Formel von Pfarr bestimmt sich die Widerstandshöhe mit

$$h = L \cdot c^2 \sqrt{\frac{c}{Q}}.$$

h = Verlusthöhe in mm,
L = gestreckte Länge in m,
Q = Wassermenge in cbm/sek,
c = Durchflußgeschwindigkeit in m/sek.

Die Widerstände der Rohrkrümmungen berechnet man nach der Weißbachschen Formel:

$$h = 1000\, \zeta \frac{\delta}{90°} \cdot \frac{c^2}{2g}.$$

Darin ist:

$\zeta = 0{,}13 + 0{,}164 \cdot \left(\dfrac{D}{r}\right)^{3,5}$,

δ = Ablenkungswinkel in Graden,
D = lichter Rohrdurchmesser in m,
r = mittlerer Krümmungsradius in m.

2. Der hydraulische Druck.

Statt mit der Gefällshöhe „h" kann man mit der Druckhöhe rechnen. Wenn eine Flüssigkeit unter dem Drucke von 10 atm steht, ist das energietechnisch genau dasselbe, als wenn sie sich in 100 m Höhe befindet. Es leistet 1 l Wasser, der mit der Pressung von 10 atm abgegeben wird, also einen Kolben von 1 dm² um 1 dm wegverschieben kann, genau die gleiche Arbeit wie ein von 100 m herabfallender Liter Wasser. Die Kolbenkraft ist:

$P = f \cdot p = 100 \cdot 10 = 1000$ kg ($f = 100$ cm²; $p = 10$ kg/cm²),

$s = 0{,}1$ m,

$A = P \cdot s = 100$ mkg,

$G \cdot h = 1 \cdot 100 = 100$ mkg.

Aus der Gleichheit der Druckhöhe, welche in der Flüssigkeit herrscht, und der Lagehöhe, in welcher sich die Flüssigkeit befindet, ist für das Fließen einer Flüssigkeit im geschlossenen Rohre folgendes zu schließen: An der Stelle, welche mit geringerer Geschwindigkeit durchflossen wird, muß ein größerer Druck herrschen als an der, welche mit hoher Geschwindigkeit durchflossen wird. Es teilt sich an den einzelnen Stellen die Gesamtenergie „Kinetische Energie + Druckenergie" in verschiedene Teilbeträge. Wo die erstere höher ist, muß die zweite geringer sein. Wo die zweite höher ist, hat die erstere einen kleineren Wert.

Ein Bild dafür zeigt Abb. 65, wagerecht liegende Röhre.

In allen Stellen 1—2—3—4 ist die Summe aus $\frac{v^2}{2g}$ und h gleich groß.
In 1, wo der Querschnitt ganz klein ist und demzufolge die Geschwindigkeit v groß ist, ist der Wert $\frac{v^2}{2g}$ groß, h_1 daher klein. In dem Querschnitt 4 ist v klein, demzufolge h_4 groß.

Durch die kleinen Steigrohre läßt sich der Druck sichtbar machen. Die Höhen der Flüssigkeitsspiegel h_4—h_3—h_2—h_1 sind verschieden.

Für eine Strömung in einem Rohre, das nicht wagerecht, sondern geneigt liegt, kommt hinzu, daß an und für sich an den einzelnen Stellen eine Druckverschiedenheit herrscht (Abb. 66). Es steht das Flüssigkeitsteilchen in der Lage ,,1" unter einem Druck, der der Höhe ,,h_1" entspricht. Das Flüssigkeitsteilchen, das in der Lage ,,2" steht, hat die Druckhöhe ,,h_2". Befindet sich die ganze Wassermenge in Ruhe, so

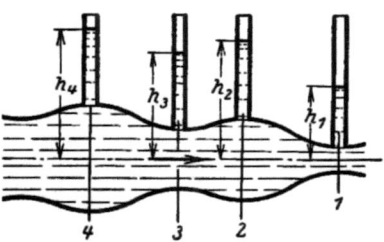
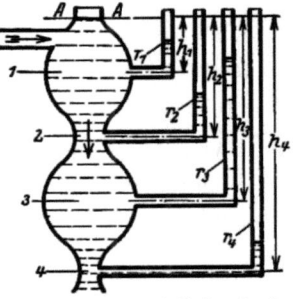

Abb. 65. Druckverhältnisse in einem wagerechten Rohr mit verschiedenen Querschnitten.

Abb. 66. Druckverhältnisse in einem senkrechten Rohr mit verschiedenen Querschnitten.

ist der Druck bei 2 h_2 bei 3 h_3, so daß die angeschlossenen Röhrchen r_1—r_2—r_3—r_4 alle genau die gleiche Flüssigkeitshöhe anzeigen (Satz von den kommunizierenden Röhren). Sobald die Flüssigkeit fließt, ändert sich dieses Bild. Die bei 4 befindlichen Teilchen haben — bei 4 ist der Querschnitt am engsten — die größte Geschwindigkeit. Demgemäß ist an dieser Stelle der größte Betrag der zur Verfügung stehenden Druckhöhe in kinetische Energie umgesetzt. Es steht also der Spiegel im Röhrchen r_4 am tiefsten. An der Stelle 3, wo die Röhre stark erweitert ist, so daß die Flüssigkeit fast in Ruhe ist, beträgt der Anteil an kinetischer Energie wenig. Demgemäß ist nur ein ganz kleiner Teil der Höhe ,,h_3" für diesen Teil verwendet. Es steht die Flüssigkeit im Röhrchen r_3 fast genau in der Höhe des Flüssigkeitsspiegels bei A.

Für die Druckhöhen, welche die Röhrchen r im Fließzustande zeigen, hat man den Namen ,,hydraulischer Druck" geprägt. Sie kennzeichnen nicht, aus welcher Höhe die Flüssigkeit kommt. Sie geben nur an, welcher Teilbetrag des Gesamtdrucks in Gestalt von Druckenergie — Energie der Lage — vorhanden ist. Es muß damit die hydraulische Druckhöhe stets kleiner sein als die hydrostatische, welche bei stillstehender Flüssigkeit gemessen wird. Sie ist um den Betrag kleiner, der für die Erzeugung der Durchgangsgeschwindigkeit aufgewendet werden mußte.

Mißt man an einer Turbinenleitung nach Abb. 67 den Druck bei „1", wenn die Leitung abgestellt ist, so zeigt das Manometer die Höhe „h" an. Fließt das Wasser durch die Leitung und hat es bei „1" die Geschwindigkeit von v m/sek, so zeigt das Manometer nur $h - \frac{v^2}{2g}$ an.

Zur Erzeugung der Geschwindigkeit von v m/sek sind $\frac{v^2}{2g}$ m Druckhöhe nötig. Um diesen Betrag zeigt nun das Manometer weniger als vorher bei ruhender Flüssigkeit.

Beim Durchfließen einer Leitung kann die Geschwindigkeit an einer Stelle größer sein als die ganze zur Verfügung stehende Druckhöhe sichert. Es ist keine Grenze gegeben für die

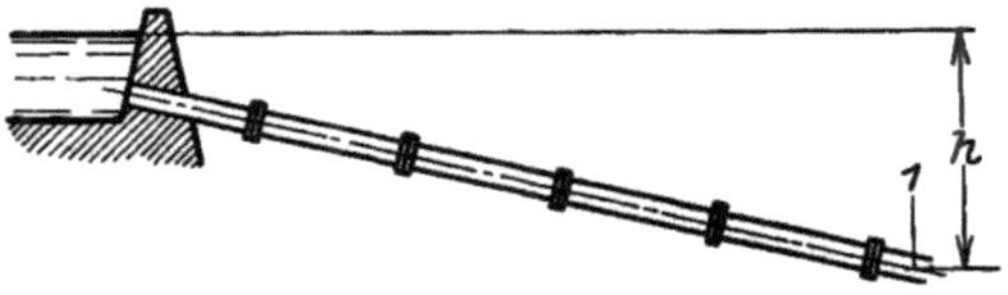

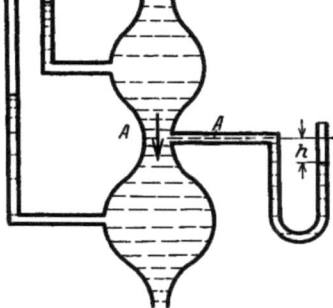

Abb. 67. Leitung für h m Gefälle.

Abb. 68. Druckverhältnisse in einem senkrechten Rohr mit verschiedenen Querschnitten. Saugwirkung bei $A-A$.

Höhe des Wertes „v". Verengt man den Querschnitt so weit, daß der Betrag $\frac{v^2}{2g}$ größer ist als die Gesamthöhe h, so wird die hydraulische Druckhöhe negativ. Es zeigt sich dann folgendes Bild. Das an diese Stelle angeschlossene Röhrchen zeigt eine Druckhöhe, die niedriger liegt als die Stelle selbst. Es herrscht an dieser Stelle ein Unterdruck. Macht man an dieser Stelle einen Anschluß, so saugt die Strömung aus ihm Flüssigkeit hinzu (Abb. 68).

3. Ausfluß aus einem Gefäße.

a) Ausfluß aus einer Bodenöffnung.

Der Ausfluß aus einer Bodenöffnung erfolgt mit der Geschwindigkeit

$$v = \sqrt{2gh}.$$

Die sekundlich ausfließende Wassermenge bestimmt sich bei einem Öffnungsquerschnitt f theoretisch gerechnet mit

$$Q = f \cdot c = f\sqrt{2gh}.$$

Praktisch wird diese Wassermenge nicht erreicht. Erstens ist die Ausflußgeschwindigkeit kleiner, als es die Gleichung $v = \sqrt{2gh}$ verlangt. Es wird ein Teil der Druckhöhe h für die Überwindung der Widerstände aufgebraucht. Man trägt dem Rechnung, indem man die theoretisch errechnete Geschwindigkeit mit einem Faktor φ multipliziert. Man rechnet in der Praxis mit φ zwischen 0,97 und 0,99.

Von größerem Einfluß auf das Resultat ist die Einschnürung, d. h. die Verringerung der Querschnittsfläche f.

Bei einem Gefäße nach Abb. 69 kann man damit rechnen, daß die ganze Fläche f durch den austretenden Strahl ausgefüllt ist. Gibt man dem Gefäße die Form nach Abb. 70, so kommt es zu einer wesent-

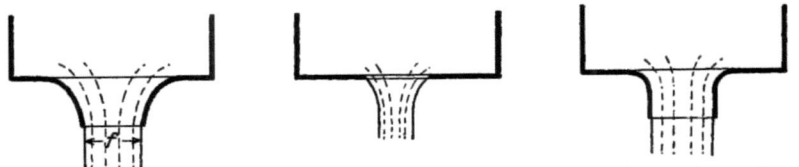

Abb. 69. Ausströmung durch eine düsenartige Öffnung. Abb. 70. Ausströmung durch eine einfache lochartige Öffnung. Abb. 71. Ausströmung durch eine einfache Düse.

lichen Verringerung der Fläche. Es haben die einzelnen Flüssigkeitsfäden vor der Öffnung beim Übergange in dieselbe und in den Strahl eine Bewegungsrichtung, die schräg zur Ausflußrichtung steht. Eine Komponente ihrer Bewegungsrichtung steht senkrecht zur Ausströmrichtung. Diese Schrägrichtung drückt den Strahl zusammen.

So erhält man eine Verringerung der Ausströmmenge. Man bewertet diesen Vorgang durch Einsetzen eines Faktors μ, Ausflußziffer. Für die verschiedenen Ausströmöffnungen nach Abb. 69—72 ergeben sich die Werte $\mu = 0{,}95$ bis 0,54.

Auf die Ausflußziffer ist nicht nur die Form der Ausflußöffnung, sondern auch die Lage der Ausströmöffnung von Einfluß. Auch sie bestimmt die Bewegungsrichtung vor der Öffnung. Es ist klar, daß bei einer Anordnung der Ausflußöffnung an der Seite eines Gefäßes die Flüssigkeitsfäden von den verschiedenen Seiten verschieden geneigt zuströmen. Das muß eine weitere Zusammendrückung des Strahles ergeben. Für die verschiedenen Lagen in Abb. 73 gibt die darunterstehende Tabelle die Werte für μ.

Abb. 72. Ausströmung in eine gegengerichtete Düse.

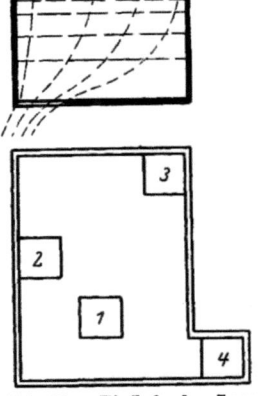

Abb. 73. Einfluß der Lage der Ausströmöffnung auf die Einschnürung.
$\mu_1 = 0{,}62$, $\mu_2 = 0{,}64$,
$\mu_3 = 0{,}663$, $\mu_4 = 0{,}686$.

Die theoretische Ausflußzeit aus einem Gefäße bestimmt sich nach folgender Gleichung:

Zylindrisches Gefäß: $\quad t = 0{,}45 \cdot \dfrac{O}{F} \sqrt{H}$.

O = Oberfläche des Gefäßes in cm^2,
F = Ausflußöffnung des Gefäßes in cm^2,
H = Füllhöhe des Gefäßes in m.

Beispiel 23.

In welcher Zeit läuft ein zylindrisches Gefäß von $D = 50$ cm Durchmesser leer, wenn es bis $H = 80$ cm gefüllt ist und die Bodenöffnung einen Durchmesser von $d = 8$ cm hat?

$$O = \frac{D^2 \pi}{4} = \frac{50^2 \pi}{4},$$

$$F = \frac{d^2 \pi}{4} = \frac{8^2 \pi}{4},$$

$$H = 80 \text{ cm} = 0{,}8 \text{ m},$$

$$t = 0{,}45 \cdot \frac{\frac{50^2 \pi}{4}}{\frac{8^2 \pi}{4}} \cdot \sqrt{0{,}8}.$$

$$t = 0{,}45 \cdot \frac{50^2}{8^2} \cdot \sqrt{0{,}8} = \text{Sekunden}.$$

(Die Ableitung s. Anm. S. 46.)

b) Ausfluß aus einer Seitenöffnung.

Bei dem Ausfluß aus einer Seitenöffnung hat man zwischen zwei Fällen zu unterscheiden. Ist die Höhe der Ausflußöffnung relativ klein im Vergleich mit der Druckhöhe, wie es Abb. 74 zeigt, so kann man für den ganzen Querschnitt eine gleich große Ausströmgeschwindigkeit ansetzen.

Handelt es sich um eine Öffnung nach Abb. 75, so ist dem Umstand, daß die Austrittsgeschwindigkeit in den verschieden hoch liegenden Streifen $f_1 - f_2 - f_3 \ldots$ verschieden hoch ist, Rechnung zu tragen.

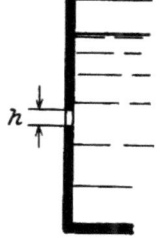

Abb. 74. Ausströmung aus einer seitlichen Öffnung geringer Höhe.

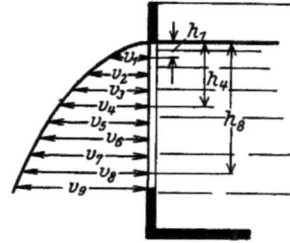

Abb. 75. Ausströmung aus einer seitlichen Öffnung großer Höhe.

Für den schmalen Schlitz nach Abb. 74 berechnet sich die Ausflußmenge mit

$$Q = F \cdot v = F \cdot \sqrt{2gH}.$$

Für die hohe Öffnung nach Abb. 75 ist die Geschwindigkeit für die einzelnen Streifen $f_1 - f_2 - f_3$ mit

$$v_1 = \sqrt{2gh_1} \qquad v_2 = \sqrt{2gh_2} \qquad v_3 = \sqrt{2gh_3}$$

einzusetzen. Trägt man die Geschwindigkeiten $v_1 - v_2 - v_3 \ldots$ auf den Streifen auf, so gewinnt man einen Körper von parabolischer Gestalt (Abb. 71). Dieser Körper stellt nach „Volumen = Durchgangsquerschnitt × Durchgangsgeschwindigkeit" das je Sekunde austretende

Volumen dar. Die Bestimmung dieses Körpers gibt somit die Bestimmung der Ausflußmenge.

Die Parabelfläche hat den Inhalt $\tfrac{2}{3} x \cdot y$. Daraus folgt mit $x_1 = \sqrt{2gy_1}$ und $x_2 = \sqrt{2gh_2}$ der Flächeninhalt für den schraffierten Teil der ganzen Parabelfläche mit

$$F = \tfrac{2}{3} y_2 \sqrt{2gy_2} - \tfrac{2}{3} y_1 \sqrt{2gy_1}.$$

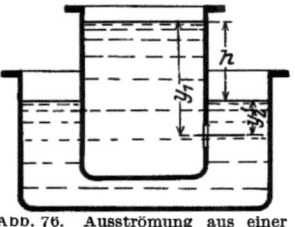

Abb. 76. Ausströmung aus einer seitlichen Öffnung unterhalb des Flüssigkeitsspiegels in ein zweites Gefäß.

Bei einer Austrittsöffnungsbreite z ist die sekundlich austretende Flüssigkeitsmenge

$$Q = z \cdot \tfrac{2}{3} \left(\sqrt{2gy_2^3} - \sqrt{2gy_1^3} \right).$$

Tritt die Flüssigkeit von einem Gefäße in ein zweites über (Abb. 76), so kommt für die Erzeugung der Austrittsgeschwindigkeit nicht die volle Höhe y_1 bzw. y_2 in Anrechnung, sondern nur die Differenzen $y_1 - y_1'$ und $y_2 - y_2'$. Da der Wert $y_1 - y_1'$ gleich dem Werte $y_2 - y_2'$ ist, erfolgt der Durchfluß mit konstanter Geschwindigkeit auf der ganzen Fläche $v = \sqrt{2gh}$. $h = $ Höhenunterschied zwischen den beiden Gefäßen.

c) Der Überfall.

In der Praxis haben die Ausströmöffnungen nach Abb. 77—79 Bedeutung gewonnen. Man mißt mit einem solchen Überfall die Wassermenge.

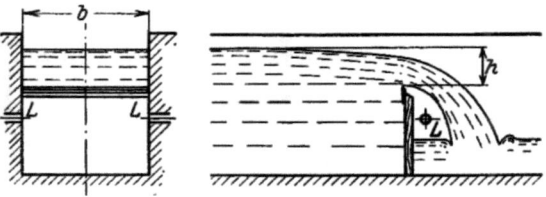

Abb. 77. Überfall ohne Seiteneinschnürung.

Die für diese Ausführungen ermittelten Erfahrungsdaten sind folgende:

Abb. 77. Überfall ohne Seiteneinschnürung (der Überfall ist genau so breit wie der Zuführungskanal):

$$Q = \tfrac{2}{3} \mu \cdot b \cdot h \cdot \sqrt{2gh}.$$

$\tfrac{2}{3} \mu$ zwischen 0,41 und 0,45.

Je 1 m Breite ergibt nach Versuchen von Hansen bei

$h =$	100	150	200	250	300 mm,
$Q =$	58	108	168	238	318 l/sek.

Abb. 78. Überfall mit Seiteneinschnürung (der Überfall ist schmäler als der Zuführungskanal).

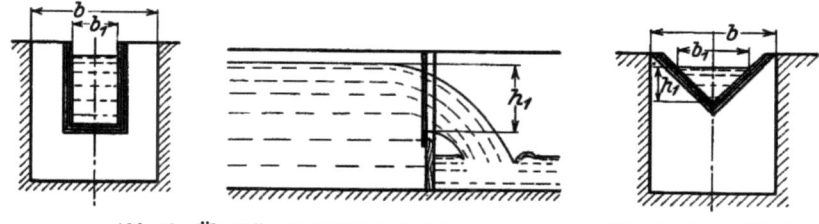

Abb. 78. Überfall mit Seiteneinschnürung.   Abb. 79. Dreiecküberfall.

Es gilt die gleiche Gleichung wie zu Abb. 77, nur erhält $\tfrac{2}{3}\mu$ einen anderen Wert. 0,4 bis 0,41.

Abb. 79. Dreiecküberfall:

$$Q = k \cdot \sqrt{h^5}.$$
$$k = 1{,}4.$$

4. Der Rückdruck bei Austritt eines Wasserstrahls aus einer seitlichen Öffnung.

Beim Ausfluß aus einer Seitenöffnung entsteht ein Reaktionsdruck auf das Gefäß. Es fließt die Flüssigkeit aus der Oberfläche zur Ausströmöffnung, um aus ihr in die freie Luft auszuströmen. Nimmt man für den Weg der Flüssigkeit den in Abb. 80 eingetragenen Verlauf an, so läßt sich der Rückdruck (Reaktionsdruck) berechnen. (Es zeigt sich bei der Berechnung, daß die Form der Weglage keine Rolle spielt, so daß die beliebige Annahme des Weges zulässig erscheint.)

Beim Durchfließen des gekrümmten Teiles des Weges unterliegt die Flüssigkeit der Zentrifugalkraft. Jede kleine Scheibe von der Breite b übt dabei auf die längs $A-A$ gedachte Wandung einen Druck von

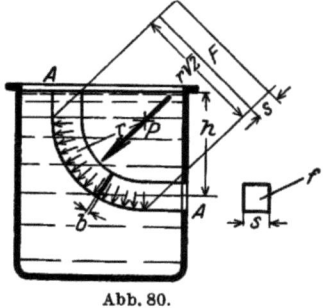

Abb. 80.

$$P = \frac{b \cdot f \cdot \gamma}{g} \cdot \frac{v^2}{r}$$

aus.

$\dfrac{b \cdot f \cdot \gamma}{g}$ = Masse des Körpers vom Querschnitte f, der Dicke b und dem spezifischen Gewicht γ,

v = Durchflußgeschwindigkeit = Umfangsgeschwindigkeit am Radius r,

r = Radius der Wandung $A-A$.

Der Druck je cm² beträgt

$$p = \frac{b f \gamma \frac{v^2}{r}}{g \cdot s} = \frac{v^2 \cdot \gamma}{g \cdot r} \cdot \frac{f}{s}.$$

v ist gleich der Ausströmgeschwindigkeit $= \sqrt{2gh}$.

$$p = \frac{2h \cdot \gamma}{r} \cdot \frac{f}{s}.$$

Der Druck ist an allen Stellen radial nach außen gerichtet. Der in die gezeichnete Richtung fallende Druck P ist (s. S. 5) gleich p mal der Projektion F der Wandfläche $A-A$ in der Richtung von P. Diese Projektion F hat die Größe

$$F = s \cdot r \cdot \sqrt{2}.$$

So wird

$$P = \frac{2h \cdot \gamma}{r} \cdot \frac{f}{s} \cdot s \cdot r \cdot \sqrt{2}$$
$$= 2h \cdot \gamma \cdot f \cdot \sqrt{2}.$$

(Es hat sich der Radius „r" herausgehoben; damit ist bewiesen, daß die Annahme eines beliebigen Radius zulässig war.)

Dieser Druck P zerlegt sich in 2 Komponenten P_h und P_v. P_v wird durch das Gefäß selbst aufgefangen. P_h sucht das Gefäß nach rückwärts zu treiben:

$$P_h = \frac{P}{\sqrt{2}},$$
$$P_h = 2h \cdot \gamma \cdot f.$$

P_h ist doppelt so groß wie der Druck, der bei geschlossener Öffnung auf eine Fläche von der Größe der Öffnung f fallen würde. $h \cdot \gamma$ statischer Druck für die Flächeneinheit ergibt $h \cdot \gamma \cdot f$ als Gesamtdruck.

5. Die Arbeitsleistung eines Wasserstrahls.

Die Arbeitsleistung eines Wasserstrahls berechnet sich nach dem Gesetz vom Antrieb:

$$P \cdot t = m \cdot (v_0 - v_n).$$

$P \cdot t$ = Produkt der wirkenden Kraft × Zeitdauer ihrer Wirkung,
m = Masse des angetriebenen Körpers,
v_n = Endgeschwindigkeit in Kraftrichtung,
v_0 = Anfangsgeschwindigkeit in Kraftrichtung.

Fließt ein Wasserstrahl durch eine Schaufel nach Abb. 81, so erfährt die Schaufel bei konstanter Durchströmung die Antriebskraft P. P ist dann konstant. Die Anfangsgeschwindigkeit v_0 hat den Wert

$c_1 \cdot \cos \alpha_1$. c_1 = Eintrittsgeschwindigkeit des Wassers, α = Neigungswinkel an der Eintrittsstelle. Die Endgeschwindigkeit v_n hat den Wert $c_2 \cos \alpha_2$. c_2 = Austrittsgeschwindigkeit, α_2 = Neigungswinkel an der Austrittsstelle.

Da P konstant ist und der nutzbar abgegebenen Arbeit entspricht, tritt keine Beschleunigung oder Verzögerung ein. Es ist die Bewegung der Schaufel also gleichförmig. Die Zeit t läßt sich somit ersetzen durch $\frac{s}{v}$. s = Weg in Richtung der Kraft und v = Geschwindigkeit der Schaufel.

Damit geht die Gleichung

$$P \cdot t = m(v_0 - v_n)$$

über in

$$\frac{P \cdot s}{v} = m \cdot (v_0 - v_n).$$

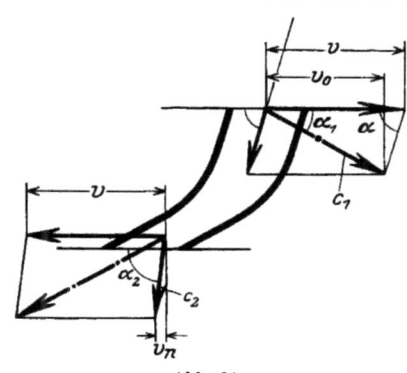

Abb. 81.

Da nach Abb. 81

$$v_0 = c_1 \cos \alpha_1 \quad \text{und} \quad v_n = c_2 \cos \alpha_2$$

ist, folgt:

$$\frac{P \cdot s}{m} = v \cdot (c_1 \cos \alpha_1 - c_2 \cos \alpha_2).$$

$P \cdot s$ ist die sekundlich geleistete Arbeit, wenn die Masse m als die Masse des sekundlich durchfließenden Wassergewichtes eingeführt wird.

$$m = \frac{Q \cdot \gamma}{g}.$$

Q = sekundliche Wassermenge.

$$P \cdot s = Q \cdot \gamma \cdot H.$$

(Nach dem Gesetz von der Erhaltung der Energie.)
Q = Fallhöhe des Wassers.

$$\frac{Q \cdot \gamma \cdot H}{\frac{Q \cdot \gamma}{g}} = v \cdot (c_1 \cos \alpha_1 - c_2 \cos \alpha_2),$$

$$\boldsymbol{H \cdot g = v \cdot (c_1 \cos \alpha_1 - c_2 \cos \alpha_2)}. \tag{13}$$

6. Der Stoßdruck des Wasserstrahls gegen eine Wand.

Tritt ein Strahl gegen eine feste Wand (Abb. 82), so bildet sich an ihr ein Staukegel, der die Umlenkung des Strahles erleichtert. Die Flüssigkeit verläßt die Platte in einer senkrecht zu ihrer Auftreffrichtung stehenden Richtung.

Nach dem Satz vom Antrieb ist

$$P \cdot t = m \cdot (v_0 - v_n).$$

Hydrodynamik.

Da $v_n = 0$ ist — der abgelenkte Strahl fließt senkrecht zur Kraftrichtung —, folgt:

Abb. 82.

$$P \cdot t = m \cdot v_0,$$
$$P = \frac{m}{t} \cdot v_0,$$
$$m = \frac{Q \cdot \gamma}{g},$$
$$P = \frac{Q \cdot \gamma}{g} \cdot v_0.$$

$Q =$ in der Zeiteinheit durchfließende Wassermenge. $Q \cdot t =$ die in der Zeit „t" durchfließende Wassermenge.

Setzt man für die sekundliche Wassermenge Q den Wert $F \cdot v_0$ ein (Fläche × Austrittsgeschwindigkeit = sekundliche Wassermenge), so folgt:

$$P = \frac{F \cdot v \cdot \gamma}{g} \cdot v = \frac{\gamma}{g} \cdot F \cdot v^2.$$

Da $v^2 = 2gh$ ist, wird der Druck

$$P = 2 \cdot \frac{\gamma}{g} \cdot F \cdot h.$$

Es ist also der Druck doppelt so groß wie der hydrostatische Druck auf die Fläche F.

Anmerkung.

Es fließt durch die Ausflußöffnung F in dem Zeitteilchen dt die Menge dQ unten aus. $dQ = F \cdot v \cdot dt$. Die Ausflußgeschwindigkeit v entspricht der Höhe H $v = \sqrt{2gH}$. Im Zeitteilchen dt sinkt die Oberfläche O um $dH \cdot dQ = O \cdot dH$.

Damit folgt

$$dQ = F \cdot v \cdot dt = F \sqrt{2gH} \cdot dt = O \cdot dH.$$
$$F\,dt = O \frac{dH}{\sqrt{2gH}} = \frac{O}{\sqrt{2g}} \cdot \frac{dH}{\sqrt{H}}.$$

Für das Leerlaufen folgt damit

$$F \int dt = \frac{O}{\sqrt{2g}} \int_H^0 \frac{dH}{\sqrt{H}}$$

$$t = \frac{O\,2 \cdot \sqrt{H}}{\sqrt{2g}\,F} = \frac{O \cdot \sqrt{H}}{\sqrt{\frac{g}{2}}\,F} = \frac{\sqrt{\frac{2}{g}} \cdot O \cdot H}{F}.$$

$$t = 0{,}45 \cdot \frac{O}{F} \sqrt{H}.$$

Druck der Spamerschen Buchdruckerei in Leipzig.

Verlag von Julius Springer / Berlin

Von der Bewegung des Wassers und den dabei auftretenden Kräften. Grundlagen zu einer praktischen Hydrodynamik für Bauingenieure. Nach Arbeiten von Staatsrat Dr.-Ing. e. h. **Alexander Koch,** s. Zt. Professor an der Technischen Hochschule zu Darmstadt, herausgegeben von Dr.-Ing. e. h. **Max Carstanjen.** Nebst einer Auswahl von Versuchen Kochs im Wasserbau-Laboratorium der Darmstädter Technischen Hochschule, zusammengestellt unter Mitwirkung von Studienrat Dipl.-Ing. L. Hainz. Mit 331 Abbildungen im Text und auf 2 Tafeln sowie einem Bildnis. XII, 228 Seiten. 1926.
Gebunden RM 28.50

Energie-Umwandlungen in Flüssigkeiten. Von **Dónát Bánki,** Maschineningenieur, o. ö. Professor an der Technischen Hochschule, Mitglied der Akademie der Wissenschaften zu Budapest.
Erster Band: **Einleitung in die Konstruktionslehre der Wasserkraftmaschinen, Kompressoren, Dampfturbinen und Aeroplane.** Mit 591 Textabbildungen und 9 Tafeln. VIII, 512 Seiten. 1921. Gebunden RM 20.—

Die Wasserkräfte, ihr Ausbau und ihre wirtschaftliche Ausnutzung. Ein technisch-wirtschaftliches Lehr- und Handbuch. Von Dr.-Ing. **Adolf Ludin,** Bauinspektor. Zwei Bände. Mit 1087 Abbildungen im Text und auf 11 Tafeln. Preisgekrönt von der Akademie des Bauwesens in Berlin. XX, 1404 Seiten. 1913. Unveränderter Neudruck 1923.
Gebunden RM 66.—

Aufgaben aus dem Wasserbau. Angewandte Hydraulik. 40 vollkommen durchgerechnete Beispiele. Von Dr.-Ing. **Otto Streck.** Mit 133 Abbildungen, 35 Tabellen und 11 Tafeln. IX, 362 Seiten. 1924.
Gebunden RM 11.40

Wahl, Projektierung und Betrieb von Kraftanlagen. Ein Hilfsbuch für Ingenieure, Betriebsleiter, Fabrikbesitzer. Von Dipl.-Ing. **Friedrich Barth.** Vierte, umgearbeitete und erweiterte Auflage. Mit 161 Figuren im Text und auf 3 Tafeln. XII, 525 Seiten. 1925.
Gebunden RM 16.—

Zeichnerische Bestimmung der Spiegelbewegungen in Wasserschlössern von Wasserkraftanlagen mit unter Druck durchflossenem Zulaufgerinne. Von Ingenieur Dr. techn. **Ludwig Mühlhofer,** Innsbruck-Wien. Mit 11 Textabbildungen. V, 75 Seiten. 1924. RM 3.90

Wasserkraftmaschinen. Eine Einführung in Wesen, Bau und Berechnung von Wasserkraftmaschinen und Wasserkraftanlagen. Von Dipl.-Ing. **L. Quantz,** Stettin. Sechste, erweiterte und verbesserte Auflage. Mit 207 Abbildungen im Text. VI, 164 Seiten. 1926.
RM 4.80

Verlag von Julius Springer / Berlin

Mathematische Strömungslehre. Von Privatdozent Dr. **Wilhelm Müller,** Hannover. Mit 137 Textabbildungen. IX, 239 Seiten. 1928.
RM 18.—; gebunden RM 19.50

Mechanik der flüssigen und gasförmigen Körper. (Bildet Band VII des Handbuches der Physik. herausgegeben von H. Geiger und Karl Scheel.) Mit 290 Abbildungen. XI, 413 Seiten. 1927.
RM 34.50; gebunden RM 36.60
Inhaltsübersicht:
Ideale Flüssigkeiten. Von Professor Dr. M. Lagally, Dresden. Zähe Flüssigkeiten. Von Professor Dr. L. Hopf, Aachen. Wasserströmungen. Von Professor Dr. Ph. Forchheimer, Wien-Döbling. Tragflügel und hydraulische Maschinen. Von Professor Dr. A. Betz, Göttingen. Gasdynamik. Von Dr. J. Ackeret, Göttingen. Kapillarität. Von Dr. A. Gyemant, Charlottenburg.

Vorträge aus dem Gebiete der Hydro- und Aerodynamik (Innsbruck 1922). Gehalten von zahlreichen Fachleuten. Herausgegeben von **Th. v. Kármán,** Professor am Aerodynamischen Institut der Techn. Hochschule Aachen, und **T. Levi-Civita,** Professor an der Universität Rom. Mit 98 Abbildungen im Text. 251 Seiten. 1924. RM 13.—

Strömungsenergie und mechanische Arbeit. Beiträge zur abstrakten Dynamik und ihre Anwendung auf Schiffspropeller, schnellaufende Pumpen und Turbinen, Schiffswiderstand, Schiffssegel, Windturbinen, Trag- und Schlagflügel und Luftwiderstand von Geschossen. Von Oberingenieur **Paul Wagner,** Berlin. Mit 151 Textfiguren. XI, 252 Seiten. 1914. Gebunden RM 10.—

Beiträge zur technischen Mechanik und technischen Physik. August Föppl zum siebzigsten Geburtstag am 25. Januar 1924 gewidmet von seinen Schülern. Mit dem Bildnis August Föppls und 111 Abbildungen im Text. VIII, 208 Seiten. 1924. RM 8.—

Einführung in die Mechanik mit einfachen Beispielen aus der Flugtechnik. Von Professor Dr. **Theodor Pöschl,** Prag. Mit 102 Textabbildungen. VII, 132 Seiten. 1917. RM 3.75

Aufgaben aus der technischen Mechanik. Von Professor **Ferd. Wittenbauer.**
Erster Band: **Allgemeiner Teil.** 839 Aufgaben nebst Lösungen. Fünfte, verbesserte Auflage, bearbeitet von Professor Dr.-Ing. **Theodor Pöschl,** Prag. Mit 640 Textabbildungen. VIII, 281 Seiten. 1924.
Gebunden RM 8.—

Zweiter Band: **Festigkeitslehre.** 611 Aufgaben nebst Lösungen und einer Formelsammlung. Dritte, verbesserte Auflage. Mit 505 Textfiguren. VIII, 400 Seiten. 1918. Unveränderter Neudruck 1922.
Gebunden RM 8.—

Dritter Band: **Flüssigkeiten und Gase.** 634 Aufgaben nebst Lösungen und einer Formelsammlung. Dritte, vermehrte und verbesserte Auflage. Mit 433 Textfiguren. VIII, 390 Seiten. 1921. Unveränderter Neudruck 1922.
Gebunden RM 8.—

Hundert Versuche aus der Mechanik. Von Professor **Georg von Hanffstengel,** Charlottenburg. Mit 100 Abbildungen im Text. V, 49 Seiten. 1925. RM 3.30

MIX
Papier aus verantwortungsvollen Quellen
Paper from responsible sources
FSC® C105338

If you have any concerns about our products,
you can contact us on
ProductSafety@springernature.com

In case Publisher is established outside the EU,
the EU authorized representative is:
**Springer Nature Customer Service Center GmbH
Europaplatz 3, 69115 Heidelberg, Germany**

Printed by Libri Plureos GmbH
in Hamburg, Germany